教科書からの飛翔

語りかける親身な解説

解ける大学入試
数学ⅠAⅡB
の秘伝

京都大学特任教授

鳩山　文雄

はじめに

今まで，非常に多くの大学受験の数学の参考書が出版されていますが，どの参考書も見事な解法が書かれているだけです。「なぜそのような解法を考えつくのだろうか」「受験当日，自分はひらめくだろうか」など，解説を読んで不安になる受験生の皆さんがたくさんいると思います。40年近く受験生の指導をしてきましたが，そのような見事な解法は，数学的には素晴らしいものもあり，時間が充分あれば気がつくかもしれませんが，時間の限られた入試で合格点を取らなければならない受験生には，実に不親切で，時には数学を専門に研究している大学教授ですら気がつかない解法を平気で記載している参考書があることに，本当に残念に思っていました。

また，専門の数学者から見ると，実に面白い問題も，実は得点率が極端に低く，ほとんどの受験生が解けていないことがよくあります。そのような問題は，受験生にとって，合格点を取るためには，受験当日は解かない問題です。

このような問題を，受験参考書に示し，不親切な解法を記載しても，受験生には全く役に立たないものです。

また，すべてのパターンの問題を取り上げようとすると，膨大なページ数になり，意欲を失くす参考書になります。そして，どの問題が重要な問題であるのかわからなくなってきます。その結果，数学が苦手な受験生を作ってしまうのです。

本書は，受験当日，安心して合格点を取ってもらいたいという思いから，「今までになかった参考書」を目指して執筆しました。

なお，例題で取り上げる問題は，すべて大学入試問題ばかりです。

少し重たい問題もありますが，どうか頑張って乗り越えてください。

本書は，秘伝を理解することに重点を置いて，解説を中心に記載しています。実際の記述式の答案を作成する場合は，採点者に思考過程が充分にわかってもらえるように，数式の羅列をしないで，日本語の説明をしっかり記述しながら，減点されない答案を作成してください。

志望校に合格することを心から祈っています。

目　次

第０章　数学の実力をつける秘伝

なかなか，数学の成績が伸びないと悩んでいる皆さんは，「わかる」と「できる」の違いがわかっていない場合が多いのです。

「水泳ができる」ようになることを例にお話します。

「わかる」というのは，テレビの水泳教室を見て，泳ぎ方がわかる，指導者に「泳ぎ方」を教わって泳ぎ方がわかっているだけです。それだけでは「泳げるようにならない」「泳げない」のです。

つまり，「できる」ようになるためには，自分で水の中に入って，バタ足を繰り返し練習して，水を飲んで失敗を繰り返しながら，鍛錬することで，泳げるようになって「泳げる」のです。勉学は繰り返す鍛錬がないと，身につかないものです。

それでは，「できる」ためには，どうしたらよいのかです。授業で学習した問題，参考書で学習した問題（わかった問題）を白紙に，何も見ないで自力で解いてみると，意外にわかっているつもりであった答案が，再現できないものなのです。途中で行き詰まってしまうことがよくあります。その時に，再度確認して，頭に入れていくのです。そして，日を変えて何も見ないで自力で解いてみると，また同じことが起こる場合があります。これをあきらめずに繰り返して，やっと「できる」ようになるのです。

勉学はよく登山に例えられます。一歩また一歩，高く登るごとに視野が開けてきます。今まで理解できなかったようなことが，一つ一つ理解できるようになっていきます。

決して，焦らないようにじっくり取り組んでください。

第１章　高校数学の式変形の秘伝

高校数学において，式変形を行うには，次の４つが秘伝になります。これを常に意識しながら，式を変形してください。まず，その４つを示してみます。

①文字の消去

②次数下げ

③因数分解

④置き換え

それぞれの秘伝について問題を解きながら，説明します。

【例題１】

$a+b+c=0$ のとき，

$(a+b)(b+c)(c+a)+abc=0$ を証明せよ。

《解説１》

次の解法は，どの参考書にも示されているものです。

$a+b+c=0$ より　$a+b=-c,\ b+c=-a,\ c+a=-b$

よって，（左辺）$=(-c)(-a)(-b)+abc=-abc+abc=0$

というものです。確かに，気がつけば，うまい解法です。

しかし，これが思いつかないと解けないのでしょうか。行き詰まれば，「式変形の秘伝」に戻ればよいのです。このような場合，①の「文字の消去」さえすれば，必ず解けます。自信をもってください。

《解説２》

どれを消去しても解けますが，cを消去してみます。

$a+b+c=0$ より，$c=-a-b$

これを，左辺に代入すると，

$$
\begin{aligned}
(\text{左辺}) &= (a+b)(b-a-b)(-a-b+a)+ab(-a-b)\\
&= (a+b)(-a)(-b)+ab(-a-b)\\
&= ab(a+b)-ab(a+b)=0
\end{aligned}
$$

当然，a や b を消去しても，同じように解けます。

文字を消去すれば，道は必ず開けます。

《解説３》

解説２にも気づかないで，左辺を展開してしまったら行き詰まるでしょうか。やってみますと，

$$(\text{左辺}) = (ab + ca + b^2 + bc)(c + a) + abc$$
$$= (abc + c^2a + b^2c + bc^2 + a^2b + ca^2 + ab^2 + abc) + abc$$

うわー！　どうしようか！　安心してください。この場合は，「式変形の秘伝」に戻りますと，

③の「因数分解」が適用できます。

因数分解をするために，a について整理しますと，

$$(b + c)a^2 + (b^2 + 3bc + c^2)a + (b^2c + bc^2)$$

因数分解を狙うのですから，最後の項を $bc(b + c)$ として，たすき掛けをすると，

（左辺）は，$\{(b + c)a + bc\}(a + b + c)$ となりますので，$a + b + c = 0$ より，証明されました。

《解説１》から《解説３》を説明しましたが，「式変形の秘伝」さえ身につけておけば，大丈夫です。自信をもって式を変形してください。

【例題２】

$abc = 1$　のとき，

$\dfrac{a}{ab+a+1} + \dfrac{b}{bc+b+1} + \dfrac{c}{ca+c+1}$ の値を求めよ。

《解説１》

このような問題の場合は，まず答えの予想をすることから，解法の方向性を探ります。

例えば，$a = 1$，$b = 1$，$c = 1$　を代入すると，

$$\frac{a}{ab+a+1} + \frac{b}{bc+b+1} + \frac{c}{ca+c+1} = \frac{1}{3} + \frac{1}{3} + \frac{1}{3} = 1$$

これで答えは１らしいと予測できました。

そうなると，「１」を目指して解くことになります。

$abc = 1$　より，abc を作り出せばよいのです。

そこで，なんとか abc を作っていきます。

$$\frac{a}{ab+a+1} \times \frac{c}{c} = \frac{ca}{abc+ca+c} = \frac{ca}{1+ca+c}$$

ここで，３つの項の分母を $ca + c + 1$　でそろえればよいことに気がつけば，次のような解法になります。

$$\frac{b}{bc+b+1} \times \frac{a}{a} = \frac{ab}{abc+ab+a} = \frac{ab}{1+ab+a}$$

これは，分母が第１項と同じですので，この分母・分子に先ほどの $\dfrac{c}{c}$ をかけると，

$$\frac{ab}{1+ab+a} \times \frac{c}{c} = \frac{abc}{c+abc+ca} = \frac{1}{c+1+ca}$$

よって，与式 $= \dfrac{ca}{1+ca+c} + \dfrac{1}{c+1+ca} + \dfrac{c}{ca+c+1} = \dfrac{ca+1+c}{ca+c+1} = \underline{\underline{1}}$

となります。

しかし，これに気がつかなければ解けないのでしょうか。

このような場合も，**①の「文字の消去」**で，必ず解けます。安心してください。

《解説２》

まず，通分しようとすると，最初に答えを予想した「１」にするには，分母が，$(ab+a+1)(bc+b+1)(ca+c+1)$ であることから，分子も，$(ab+a+1)(bc+b+1)(ca+c+1)$ にしなければならず，困難です。

そこで，方針が立たないときは，「式変形の秘伝」に戻り，文字が消去できるときは，とにかく文字を消去してみることです。

c を消去 してみると，$abc=1$ より，$c=\dfrac{1}{ab}(ab \neq 0)$ を与式に代入して，

$$与式 = \frac{a}{ab+a+1} + \frac{b}{b\frac{1}{ab}+b+1} + \frac{\frac{1}{ab}}{\frac{1}{ab}a+\frac{1}{ab}+1}$$

$$= \frac{a}{ab+a+1} + \frac{b}{\frac{1}{a}+b+1} + \frac{\frac{1}{ab}}{\frac{1}{b}+\frac{1}{ab}+1}$$

第２項の分母・分子に× a，第３項の分母・分子に× ab で，

$$与式 = \frac{a}{ab+a+1} + \frac{ab}{1+ab+a} + \frac{1}{a+1+ab} = \frac{a+ab+1}{ab+a+1} = \underline{\underline{1}}$$

となります。

【例題３】

$x = 1 - \sqrt{3}$ のとき，

$x^4 - x^3 - 3x^2 - 5x - 3$　の値を求めよ。

《解説１》

一般的な解法としては，

$x = 1 - \sqrt{3}$ の　$\sqrt{3}$ を単独にして，$x - 1 = -\sqrt{3}$ とし，

両辺を２乗すると，$x^2 - 2x + 1 = 3$　より　$x^2 - 2x - 2 = 0$

ここで，$x^4 - x^3 - 3x^2 - 5x - 3$　を　$x^2 - 2x - 2$　で割ると

$x^4 - x^3 - 3x^2 - 5x - 3 = (x^2 - 2x - 2)(x^2 + x + 1) + (-x - 1)$　となることから，

$x^2 - 2x - 2 = 0$　より，$x^4 - x^3 - 3x^2 - 5x - 3 = -x - 1$

この x に　$1 - \sqrt{3}$ を代入して，$x^4 - x^3 - 3x^2 - 5x - 3 = \underline{\underline{-2 + \sqrt{3}}}$

となります。

これは，「式変形の秘伝」の「②次数下げ」の大切な解法ですので，是非ともマスターしてください。

《解説２》

$x = 1 - \sqrt{3}$ の　$\sqrt{3}$ を単独にすることに気づかないで，このまま両辺を２乗したとします。

$x^2 = 4 - 2\sqrt{3}$　ここで，$x = 1 - \sqrt{3}$　より　$\sqrt{3} = 1 - x$

これを，$x^2 = 4 - 2\sqrt{3}$　の　$\sqrt{3}$　に代入して

$x^2 = 4 - 2(1 - x) = 2x + 2$

これでも，$x^2 - 2x - 2 = 0$　は作れます。自信をもってください。この後は，解説１のように解けばよいのです。

《解説３》

しかし，解説１，２のような割り算をしないで，「②次数下げ」だけで解くと，次のような解法もできます。

$x^2 = 2x + 2$　から続けてみます。

とにかく，次数を下げることに専念すると，

両辺に x をかけて，$x^3 = 2x^2 + 2x = 2(2x + 2) + 2x = 6x + 4$

さらに，両辺に x をかけて，

$x^4 = 6x^2 + 4x = 6(2x + 2) + 4x = 16x + 12$

よって，

$$x^4 - x^3 - 3x^2 - 5x - 3 = (16x + 12) - (6x + 4) - 3(2x + 2) - 5x - 3$$
$$= -x - 1 = -(1 - \sqrt{3}) - 1 = \underline{\underline{-2 + \sqrt{3}}}$$

となり，解説１の割り算は必要ありません。

【例題４】

$\dfrac{y+z}{x}=\dfrac{z+x}{y}=\dfrac{x+y}{z}$ のとき，この式の値を求めよ。

《解説１》

この問題も，是非マスターしてください。

最初に，典型的な解法を示してみます。

まず，分母にある x，y，z は０ではない。

３つとも同じ値を取るので，その値を k と置き換えます。

ここでは，④の置き換え が活躍します。

$\dfrac{y+z}{x}=\dfrac{z+x}{y}=\dfrac{x+y}{z}=k$ と置きますと，（求めたいのは k の値）

$y+z=kx$ ……①

$z+x=ky$ ……②

$x+y=kz$ ……③

このとき，対称性をくずさないように，辺々加えてみます。

①＋②＋③より

$2(x+y+z)=k(x+y+z)$ ……④

このとき，$x+y+z$ で割ってはいけません。

（もし，$x+y+z=0$ なら，割れません。）

そこで，③の因数分解 が登場します。

④より，$2(x+y+z)-k(x+y+z)=0$

$(x+y+z)(2-k)=0$

この，０相手の因数分解は，頭に入れておいてください。

すると，$x+y+z=0$　または　$2-k=0$　となります。

(i)　$x+y+z=0$ のとき，

求めたい k の値は，$\dfrac{y+z}{x}$ ですので，$x+y+z=0$ より，

$y+z=-x$　よって，$k=\dfrac{y+z}{x}=\dfrac{-x}{x}=-1$

(ii)　$2-k=0$ のとき，

$k=2$

従って，$k=\underline{-1,\ 2}$　となります。

《解説２》

解説１で，対称性をくずさないように，辺々加えて①＋②＋③としましたが，これを思いつかないと解けないのでしょうか。ここでも，行き詰まれば「式変形の秘伝」に戻ります。このような場合も，**①の「文字の消去」**さえすれば，必ず解けます。

どれを消去しても解けますが，z を消去してみます。

①より，$z=kx-y$　これを②，③に代入しますと，z が消去できます。

②は，$(kx-y)+x=ky$　……⑤，

③は，$x+y=k(kx-y)$　……⑥

ここからは，いろいろな解法が思いつきます。

⑤から攻めてみますと，$(kx-y)+x-ky=0$　より

$(k+1)x-(k+1)y=0$　もう見えました。

「式変形の秘伝」**③の因数分解**であります。

$(k+1)(x-y)=0$

(i)　$k+1=0$　のとき，　$k=-1$

(ii)　$x-y=0$　のとき，$x=y$　これを⑥に代入して

$x + x = k(kx - x)$　よって，$2x = k^2x - kx$　より

$x(k^2 - k - 2) = 0$　$x \neq 0$　より　$k^2 - k - 2 = 0$

$(k + 1)(k - 2) = 0$ より　$k = -1,\ 2$

(i)(ii)より　求める値は　$\underline{\underline{-1,\ 2}}$

となります。

《解説３》

「式変形の秘伝」で解けましたが，このような問題の場合は，「加比の理」を用いることも知っておいてください。

「加比の理」とは

$\dfrac{a}{b} = \dfrac{c}{d} = \dfrac{e}{f}$ のとき，$\dfrac{a}{b} = \dfrac{a+c+e}{b+d+f}$　が成り立ちます。

これを用いますと，

$\dfrac{y+z}{x} = \dfrac{z+x}{y} = \dfrac{x+y}{z} = \dfrac{(y+z)+(z+x)+(x+y)}{x+y+z} = \dfrac{2(x+y+z)}{x+y+z}$ となるから，

(i)　$x + y + z \neq 0$　のとき，$\dfrac{2(x+y+z)}{x+y+z} = 2$

(ii)　$x + y + z = 0$　のとき，

求めたい k の値は，$\dfrac{y+z}{x}$ ですので，$x + y + z = 0$ より，

$y + z = -x$　よって，$k = \dfrac{y+z}{x} = \dfrac{-x}{x} = -1$

(i)(ii)より，求める値は　$\underline{\underline{-1,\ 2}}$

となります。

式変形の秘伝における「②次数下げ」は，分数式において，分子の次数が，分母の次数より大きい場合は必ず行います。

つまり，「分子の次数下げ」です。

次の例題５で説明しますが，これは是非マスターしておいてください。

【例題５】

$\dfrac{n^3-n^2+n+2}{n-1}$ が整数となるような整数 n をすべて求めよ。

《解説１》

これが，②分子の **次数下げ** です。

n^3-n^2+n+2 を n－1　で割って

$n^3-n^2+n+2=(n-1)(n^2+1)+3$

よって，$\dfrac{n^3-n^2+n+2}{n-1}=\dfrac{(n-1)(n^2+1)}{n-1}+\dfrac{3}{n-1}=n^2+1+\dfrac{3}{n-1}$

これが整数であるから，n^2+1 は整数より，$\dfrac{3}{n-1}$ が整数であるので，n－1が３の約数となります。

$n-1=-3,\ -1,\ 1,\ 3$　より，$n=-2,\ 0,\ 2,\ 4$

これが，「分子の次数下げ」というものです。

《解説２》

「分子の次数下げ」をしなくても，「式変形の秘伝」を用いる解法でも解くことができます。それは，④の **置き換え** から ③の **因数分解** という式変形になります。

$\dfrac{n^3-n^2+n+2}{n-1}=k$（$k$ は整数）と置きます。

両辺に $n-1$ をかけて，$n^3-n^2+n+2=k(n-1)$

$n^3-n^2+(1-k)n+(k+2)=0$

このあと，少し強引ですが，$n-1$ が見えますので，

$n^2(n-1)-k(n-1)+(n-1)+3=0$　として，整数の３を離すと，

$(n-1)(n^2+1-k)=-3$　　　左辺の各項は整数ですので，

$(n-1,\ n^2+1-k)=(1,\ -3),\ (-1,\ 3),\ (3,\ -1),\ (-3,\ 1)$　より，

$(n,\ k)=(2,\ 8),\ (0,\ -2),\ (4,\ 18),\ (-2,\ 4)$ から，$\underline{\underline{n=2,\ 0,\ 4,\ -2}}$
となります。

ここまで来ると，次の問題は楽に見えると思います。

【例題６】

$xy - x - y = 9$　を満たす正の整数 x, y　を

すべて求めよ。

《解説１》

この問題は，１文字中心に整理して，

③因数分解 を狙います。

x について整理すると，

$(y-1)x-y=9$

ここで，$y-1$ を作るために次のような変形をします。

$(y-1)x-(y-1)-1=9$　より，

$(y-1)(x-1)=10$ 左辺の２つの項はともに整数なので，コツコツと拾い出します。x, y は正の整数より，

$(x-1,\ y-1)=(1,\ 10),\ (2,\ 5),\ (5,\ 2),\ (10,\ 1)$

よって，正の整数　x, y の組は，

$(x,\ y)=(2,\ 11),\ (3,\ 6),\ (6,\ 3),\ (11,\ 2)$　となります。

《解説２》

解説１が思いつかない場合には，とにかく式変形の秘伝

①文字の消去 に戻ります。

まず，x を消去することを考えて，x を y で表します。

$(y-1)x-y=9$　より，　$(y-1)x=y+9$

ここで，$y-1=0$ は不適ですから，

$y-1 \neq 0$　より，$x=\dfrac{y+9}{y-1}=\dfrac{(y-1)+10}{y-1}=1+\dfrac{10}{y-1}$

$\frac{10}{y-1}$ は整数より，$y-1$ は10の約数となり，y は正の整数より，

$y = 2,\ 3,\ 6,\ 11$

この時，x は順に $x = 11,\ 6,\ 3,\ 2$　となるので，

$(x,\ y) = (2,\ 11),\ (3,\ 6),\ (6,\ 3),\ (11,\ 2)$

となって，解けました。

第２章　確率問題の解法の秘伝

高校数学において，受験生が最も苦手意識を持つ単元が，この確率の問題です。

確率の問題を解くポイントは，大きく分けると，「$\frac{a}{N}$」でいくか，「続いてにして，乗法定理を使う」ことになります。

「$\frac{a}{N}$」でいくときは，「同様に確からしい」分母のＮが重要ですが，これはさいころ，袋の玉，くじなどすべて区別がつくものとして処理することになります。

２つのさいころでは，６×６の表，３つのさいころでは，樹形図，袋の玉では，各玉に番号を付けます。

しかし，大学入試では圧倒的に「続いてにして，乗法定理を使う」ことになります。

受験生の皆さんが苦手意識を持つのは，確率の問題は長文読解問題かと思うような，長文を読まなければならず，どこから手を付ければよいのかがわかりにくいからです。

最初に，「$\frac{a}{N}$」の解法の説明，次に「続いてにして，乗法定理を使う」問題の解法を説明します。

確率問題の解法の秘伝は，「続いてにして，乗法定理を使う」問題の解法で威力を発揮します。

しっかりとマスターして，確率の問題が解けるようになってください。

【例題１】　さいころの確率

１つのさいころを２回投げ，出た目の数を順に a，b とするとき，$u=\frac{a}{b}$ とおく。u＝１である確率は□であり，u が整数になる確率は□である。また，u が整数または $b=2$ である確率は□である。

（センター試験）

《解説》

２個のさいころの場合の「同様に確からしい」分母は，６×６の表になります。「大小２個のさいころ」「同じ大きさの２個のさいころ」「１つのさいころを２回続けて投げる」などは，「同様に確からしい」さいころの目の出方は，すべて

６×６の表で○を打ちながら数え上げることが，最も早くて正確な解法になります。

具体的に，この問題を解いてみます。

６×６の表は，(2) の問題で具体的に示しますので参考にしてください。２個のさいころではすべて同様のやり方になります。６×６の表を作成し，条件を満たすものを素早く，すべて数えていきます。

$N=6^2=36$

(1) $u=1 \Rightarrow a=b \Rightarrow$ 表を作って　６通り　$\Rightarrow \frac{6}{36}=\frac{1}{6}$

(2) uが整数　⇒　bがaの約数　⇒　下のような表を作って該当する箇所に○を打っていくと，14 通り

b \ a	1	2	3	4	5	6
1	○	○	○	○	○	○
2		○		○		○
3			○			○
4				○		
5					○	
6						○

よって，求める確率は，$\frac{14}{36}=\frac{7}{18}$

(3) 同様にして，uが整数または$b=2$となるのは，表を作って，17 通り（14 + 3 = 17）

よって，求める確率は，$\frac{17}{36}$

【例題２】　さいころの確率

３つのさいころを同時に投げる。出た目のうち最大のものを m とする。$m \leqq 4$ となる確率は□である。　（センター試験）

《解説１》

２個のさいころは，６×６の表の作成でしたが，これは樹形図で処理しても同じです。

３個のさいころは，表が作れないので，樹形図にすると同様に確からしくなります。樹形図は省略しますが，やってみてください。

$N = 6^3 = 216$

$m \leqq 4$　となるのは，３つのさいころのすべての目が，４以下になるときで，樹形図にすると　$a = 4^3 = 64$

よって，求める確率は，$\dfrac{64}{216} = \dfrac{8}{27}$

《解説２》

乗法定理を用いると，

「１個目が４以下」かつ「２個目が４以下」かつ「３個目が４以下」

$$\frac{4}{6} \quad \times \quad \frac{4}{6} \quad \times \quad \frac{4}{6}$$

$= \left(\dfrac{4}{6}\right)^3 = \dfrac{8}{27}$ となります。

【例題3】 **袋から玉を取り出す確率**

白玉3個と赤玉2個の入った袋から2個の玉を同時に取り出すとき，白玉1個と赤玉1個が出る確率は□である。

（センター試験）

《解説》

袋から玉を取り出す場合の「同様に確からしい」分母を検証すると，「白玉が出る」と「赤玉が出る」は，同様に確からしくないですね。

「白玉が出やすい」ので，どうすれば同様に確からしくなるかと考え，各玉に番号を打って（区別して考える）

「白1，白2，白3，赤1，赤2」なら，同様に確からしくなります。

この5個の玉で考えると，

$$\mathrm{N} = {}_5\mathrm{C}_2 = 10 \qquad a = {}_3\mathrm{C}_1 \times {}_2\mathrm{C}_1$$ より，

求める確率は，$\dfrac{3}{5}$となります。

「$\dfrac{a}{N}$」で処理する確率の問題の最後に，次の【例題4】で，難問にトライしてみます。

問題が少し長いのですが，頑張って挑戦してください。

【例題４】 札を取り出す確率

nを３以上の整数とする。１からnまでの番号をつけたn枚の札の組が２つある。これら$2n$枚の札をよく混ぜ合わせて，札を１枚ずつ３回取り出し，取り出した順にその番号をX_1，X_2，X_3とする。$X_1 < X_2 < X_3$となる確率を求めよ。

ただし，一度取り出した札はもとに戻さないものとする。

（京都大学）

《解説》

問題を読んでも，どこから手をつければよいのか戸惑うと思います。そのようなときは，nを具体的な数でやってみると解法が見えてきます。

具体的に，$n = 5$　でやってみます。

{1，2，3，4，5，①，②，③，④，⑤}の$2 \times 5 = 10$

の10枚の札とすると，$\mathrm{N} = {}_{10}\mathrm{P}_3$

番号だけに注目すると，１～５の５個となります。

この中から，例えば，1，4，2を選ぶとすると，並び替えて，$1 < 2 < 4$とできる。つまり，番号だけに注目すると，５個から３個選ぶだけでよいことになるから，${}_5\mathrm{C}_3$

ところが，札の種類が２種類あって，

□□□　に数か㊜が入るから，$2 \times 2 \times 2 = 2^3$

よって，$n = 5$の場合の求める確率は，

$\dfrac{{}_5\mathrm{C}_3 \times 2^3}{2 \cdot {}_5\mathrm{P}_3}$となります。

この$n = 5$の5をnに置き換えると，答案が完成します。

答案の要点を示しておきます。

$2n$ 枚の札を１枚ずつ３回取り出すので，取り出す総数は

$N = {}_{2n}\mathrm{P}_3$ となる。

札の番号は，１から n までの n 通りあり，この n 個の数から３個を選ぶと，並びかえて　$X_1 < X_2 < X_3$ とできる。

すなわち，番号だけに注目すると，n 個から３個選ぶだけでよいので，

${}_n\mathrm{C}_3$　通り　ある。

ところが，札の種類が２種類あるから，取り出した順に X_1，X_2，X_3 となるから，その総数は，$2 \times 2 \times 2 = 2^3$　となる。

よって，$a = {}_n\mathrm{C}_3 \times 2^3$

よって，求める確率は，

$$\frac{a}{N} = \frac{2^3{}_n\mathrm{C}_3}{{}_{2n}\mathrm{P}_3} = \frac{8\dfrac{n(n-1)(n-2)}{6}}{2n(2n-1)(2n-2)} = \frac{n-2}{3(2n-1)}$$

となる。

「$\dfrac{a}{N}$」で処理する確率の問題がマスターできたら，大学入試で圧倒的に出題される，「続いてにして，乗法定理を使う」問題の解法を説明します。

【例題５】

袋の中に，赤玉２個と白玉３個が入っている。A，B がこの順に交互に１個ずつ玉を取り出し，２個目の赤玉を取り出した方を勝ちとする。ただし，取り出した玉はもとに戻さない。このとき，B が勝つ確率を求めよ。

《解説》

入試問題としては，比較的短文でありますが，この典型的な入試問題を用いて，どのようにすればよいのか，具体的に説明していきます。

まず，確率問題の文章の最後の「～となる確率を求めよ」に注目します。そして「～となるとは？」どういうことかを，具体的に「続いて」により，排反に場合分けして，掛けていきます。

この場合は，「B が勝つとは」どのようになればよいのかと考えます。「B が勝つ」のは，次の４つになります。

⇒　は「続いて」と読んでください。

① A 赤⇒B 赤

$$\frac{2}{5}\times\frac{1}{4}=\frac{1}{10}$$

② A 赤⇒B 白⇒A 白⇒B 赤

$$\frac{2}{5}\times\frac{3}{4}\times\frac{2}{3}\times\frac{1}{2}=\frac{1}{10}$$

③ A 白⇒B 赤⇒A 白⇒B 赤

$$\frac{3}{5}\times\frac{2}{4}\times\frac{2}{3}\times\frac{1}{2}=\frac{1}{10}$$

④ A 白⇒B 白⇒A 赤⇒B 赤

$\frac{3}{5} \times \frac{2}{4} \times \frac{2}{3} \times \frac{1}{2} = \frac{1}{10}$

「Bが勝つ」のは，①から④しかなく，それぞれ排反であるので，

$\frac{1}{10} + \frac{1}{10} + \frac{1}{10} + \frac{1}{10} = \frac{2}{5}$　より，

求める確率は　$\frac{2}{5}$　となります。

「続いてにして，乗法定理を使う」問題の解法が，理解できたと思います。

ここで，確率問題の解法の秘伝をまとめておきます。

確率問題の長文の最後に注目し，「～となる確率を求めよ。」 →「～となるとは？」と具体的に検証し， 　「続いて」にして排反に場合分け → それぞれは乗法定理による掛け算 → 排反の場合分けを確認して，まとめて足し算 → 場合分けが多くなると「余事象」の利用 　（1－余事象の確率）

【例題６】

　白玉２個と赤玉１個が入っている袋から，１個の玉を取り出しては元に戻すという試行を６回繰り返す。このとき，次の確率を求めよ。

　(1)赤玉が２回出る確率

　(2)赤玉が３回以上出る確率

《解説》

これは，「反復試行の確率」といわれるものですが，その説明をするために，長文をそぎ落として，短文で，「反復試行の確率」が理解しやすい問題を取りあげてみます。

【例題５】と同じように，文章の最後の「～となる確率」に注目します。そして「～となるとは？」どういうことかを，具体的に「続いて」により，排反に場合分けして，掛けていきます。

(1)「赤玉が２回出る」とは，例えば

　(i)　赤⇒赤⇒白⇒白⇒白⇒白　があてはまります。

これは，　$\frac{1}{3}\times\frac{1}{3}\times\frac{2}{3}\times\frac{2}{3}\times\frac{2}{3}\times\frac{2}{3}=\left(\frac{1}{3}\right)^2\left(\frac{2}{3}\right)^4$

　(ii)　白⇒赤⇒白⇒白⇒赤⇒白　も同様にして，

$\left(\frac{1}{3}\right)^2\left(\frac{2}{3}\right)^4$　となります。

結局，①⇒②⇒③⇒④⇒⑤⇒⑥　の中の，２つが赤の $\frac{1}{3}$ で，４つが白の $\frac{2}{3}$ となることが分かります。

すなわち，確率はすべて $\left(\frac{1}{3}\right)^2\left(\frac{2}{3}\right)^4$ となります。

(i)，(ii)のような場合が全部で何通りあるかというと，(i)は①と②に赤を選び，(ii)は②と⑤に赤を選ぶことになるので，①から⑥の中から，２つを選んでそこに赤を入れればよいことになります。それは全部で ${}_6C_2$ 通りとなります。もちろん①から⑥の中から，４つを選んでそこに白を入れても同じで，${}_6C_4$ 通りとなりますが，${}_6C_2 = {}_6C_4$ ですのでどちらでもかまいません。

従って，求める確率は，

${}_6C_2\left(\frac{1}{3}\right)^2\left(\frac{2}{3}\right)^4 = \frac{80}{243}$ となります。

これが，「反復試行の確率」といわれるものです。

(2)「赤玉が３回以上出る」とは，具体的には，次の(i)から(iv)となります。それぞれの確率は(1)と同じように考えると，

(i)「赤玉が３回出る」${}_6C_3\left(\frac{1}{3}\right)^3\left(\frac{2}{3}\right)^3$

(ii)「赤玉が４回出る」${}_6C_4\left(\frac{1}{3}\right)^4\left(\frac{2}{3}\right)^2$

(iii)「赤玉が５回出る」${}_6C_5\left(\frac{1}{3}\right)^5\left(\frac{2}{3}\right)$

(iv)「赤玉が６回出る」$\left(\frac{1}{3}\right)^6$

(i)から(iv)は，それぞれ排反であるので，

「まとめて足し算」して

${}_6C_3\left(\frac{1}{3}\right)^3\left(\frac{2}{3}\right)^3 + {}_6C_4\left(\frac{1}{3}\right)^4\left(\frac{2}{3}\right)^2 + {}_6C_5\left(\frac{1}{3}\right)^5\left(\frac{2}{3}\right) + \left(\frac{1}{3}\right)^6 = \frac{233}{729}$ となります。

《(2) の別解説》

この問題を用いて，場合分けが多くなると「余事象」の利用

（1－余事象の確率）

について，説明します。

「赤玉が３回以上出る」とは，具体的には，(i)から(iv)となりましたが，「赤玉が３回以上出る」の「余事象」を考えますと，次の(i)から(iii)となります。

この問題では「余事象」を考えても，場合分けが１つ少なくなるだけですが，問題によっては，「余事象」の方が圧倒的に少なくなる場合があります。

(i)「赤玉が２回出る」$_6C_2\left(\frac{1}{3}\right)^2\left(\frac{2}{3}\right)^4$

(ii)「赤玉が１回出る」$_6C_1\left(\frac{1}{3}\right)\left(\frac{2}{3}\right)^5$

(iii)「赤玉が０回出る」$\left(\frac{2}{3}\right)^6$

よって，求める確率は，

$$1-\left\{{}_6C_2\left(\frac{1}{3}\right)^2\left(\frac{2}{3}\right)^4+{}_6C_1\left(\frac{1}{3}\right)\left(\frac{2}{3}\right)^5+\left(\frac{2}{3}\right)^6\right\}=\frac{233}{729}$$

となります。

次に，典型的な入試問題を取りあげますので，「確率問題の解法の秘伝」をマスターしてください。

この問題も，長文をそぎ落として，短文で，秘伝が理解しやすいようにして，取りあげてみます。

【例題７】

Ａ君とＢ君が先に４勝したら優勝が決まるゲームを行う。Ａ君，Ｂ君が勝つ確率はともに$\frac{1}{2}$であるとき，次の確率を求めよ。

(1)　Ａ君が４連勝で勝つ確率

(2)　第７戦目でＡ君が優勝する確率

(3)　第６戦目で優勝が決まる確率

《解説》

(1)　「Ａ君が４連勝で勝つ」とは，

「Ａ勝ち」続いて「Ａ勝ち」続いて「Ａ勝ち」続いて「Ａ勝ち」ですから，続いては掛けて，

$$\frac{1}{2} \times \frac{1}{2} \times \frac{1}{2} \times \frac{1}{2} = \frac{1}{16}$$

(2)　「第７戦目でＡ君が優勝する」とは，Ａ君は「６戦目までに３勝」続いて「７戦目に勝つ」となります。

６戦目までの，①⇒②⇒③⇒④⇒⑤⇒⑥　の中の３つが「Ａ勝ち」になればよいので，６戦目までにＡ君が３勝する確率は，${}_6C_3\left(\frac{1}{2}\right)^3\left(\frac{1}{2}\right)^3$

続いて，第７戦にＡ君が勝つ確率を掛けて，${}_6C_3\left(\frac{1}{2}\right)^3\left(\frac{1}{2}\right)^3 \times \frac{1}{2} = \frac{5}{32}$

となります。

(3)　「第６戦目で優勝が決まるとは」，「Ａ君が第６戦目で優勝」または，「Ｂ君が第６戦目で優勝」のどちらかです。

「Ａ君が第６戦目で優勝」するとは，「第５戦目までにＡ君が３勝し，

第６戦にＡ君が勝つ」ことなので，５戦目までの，①⇒②⇒③⇒④⇒⑤　の中の３つが「Ａ勝ち」になればよいので，５戦目までにＡ君が３勝する確率は，${}_5C_3\left(\frac{1}{2}\right)^3\left(\frac{1}{2}\right)^2$　続いて，第６戦にＡ君が勝つ確率を掛けて　${}_5C_3\left(\frac{1}{2}\right)^3\left(\frac{1}{2}\right)^2\times\frac{1}{2}=\frac{5}{32}$

「Ｂ君が第６戦目で優勝」も同様にして，${}_5C_3\left(\frac{1}{2}\right)^3\left(\frac{1}{2}\right)^2\times\frac{1}{2}=\frac{5}{32}$

よって，求める確率は，$\frac{5}{32}+\frac{5}{32}=\frac{5}{16}$　となります。

第３章　指数関数・対数関数の秘伝

指数関数・対数関数の問題は，大学入試問題では，得点しやすい単元です。解法の処理の仕方が分かりやすく，是非とも得意分野にしてほしいところです。

ここで，**指数・対数の解法の秘伝**をまとめておきます。

指数の解法の秘伝

指数の和・差　⇒置き換え

指数の単独・積・商　⇒対数をとる

対数の解法の秘伝

対数の１次式のみ⇒一つにまとめる

対数の１次式以外⇒置き換え

ここでも，「式変形の秘伝」**④の置き換え**が活躍します。

指数の「置き換え」とは，$a^x=t$　などとおくことです。

このとき，$t>0$　はおさえておきます。

対数の「一つにまとめる」とは，底の変換公式を用いて，底をそろえた後，

$\log_a M+\log_a N=\log_a MN$　を用いて，対数の一次式の和・差は，一つにまとめることができます。

対数の「置き換え」とは，$\log_a x=t$　などとおくことです。

どちらにしても，真数＞０　はおさえておきます。

それぞれの解法のやり方を，具体的な問題で，説明していきます。

【例題１】

$a^{2\log_a x} = 2$　を解け。

《解説１》

これは，指数の単独型ですので，両辺の対数をとることになります。その前に，真数条件を，おさえておきます。

$x > 0$……①

そのもとで，a を底とする対数をとります。

$\log_a a^{2\log_a x} = \log_a 2$

$2\log_a x \cdot \log_a a = \log_a 2$

ここで，$\log_a a = 1$　より

$2\log_a x = \log_a 2$

$\log_a x^2 = \log_a 2$ より　$x^2 = 2$

よって，$x = \pm\sqrt{2}$

①より　$\underline{\underline{x = \sqrt{2}}}$　となります。

《解説２》

解説１で充分ですが，ここで，対数の定義をもう一度確認してみます。
対数の定義は $a^p = M \Leftrightarrow \quad p = \log_a M$　です。

ここで，$p = \log_a M$ですので，左辺の p に $\log_a M$を代入してみますと，
$a^{\log_a M} = M$ということです。

実は，$a^{\log_a M} = M$は対数の定義そのものです。

問題をもう一度見てください。

$a^{2\log_a x} = 2$　です。

つまり，$a^{\log_a x^2} = 2$　となるから，$a^{\log_a M} = M$より

$x^2 = 2$ ①より，$x = \sqrt{2}$ となります。

$a^{\log_a M} = M$は，対数の定義そのものですので，例えば

$2^{\log_2 3} = 3$　となります。

【例題２】

$\log_2 x \cdot \log_2 4x - 3\log_2 x - 6 = 0$　を解け。

《解説》

まずは，何をおいても，真数条件からおさえます。

$x > 0$，$4x > 0$ より　　$x > 0$　……①

「対数の解法の秘伝」の「対数の１次式以外」ですので，**置き換え**を目指します。

その場合，$\log_2 x = t$　と置き換えますので，まず，

$\log_2 4x = \log_2 4 + \log_2 x = \log_2 2^2 + \log_2 x$

$= 2\log_2 2 + \log_2 x = 2 + \log_2 x$　としておきます。

$\log_2 x \cdot \log_2 4x - 3\log_2 x - 6 = 0$　より，

$\log_2 x \cdot (2 + \log_2 x) - 3\log_2 x - 6 = 0$

ここで，$\log_2 x = t$　とおくと，

$t(2 + t) - 3t - 6 = 0$ より

$t^2 - t - 6 = 0$　から，$(t + 2)(t - 3) = 0$

よって，$t = -2,\ 3$　すなわち，$\log_2 x = -2$，$\log_2 x = 3$　より

$x = 2^{-2} = \frac{1}{4}$，$x = 2^3 = 8$

これらは，①を満たすので，$x = \frac{1}{4},\ 8$　となります。

【例題３】

$a,\ b,\ c,\ x,\ y,\ z$ は正の数で　$a \neq 1$ とする。

$a^x = b^y = c^z$ と　$\dfrac{1}{x} + \dfrac{1}{y} = \dfrac{2}{z}$　が成り立つとき，c を a，b を用いて表せ。

《解説１》

まず，$a^x = b^y = c^z$ の処理ですが，指数の単独型ですので，両辺の対数をとることになります。底は何をとっても解けますが，ここでは，10 を底とする対数をとることにします。

その前に，真数条件を，おさえておきます。

$a^x > 0$，$b^y > 0$，$c^z > 0$ より，

$a^x = b^y = c^z$ の辺々を，10 を底とする対数をとると，

$x\log_{10} a = y\log_{10} b = z\log_{10} c$

$x \neq 0$，$a \neq 1$ より　$x\log_{10} a \neq 0$　となります。

ここで，置き換えが活躍します。

$x\log_{10} a = y\log_{10} b = z\log_{10} c = k\ (k \neq 0)$　とおくと，

$x = \dfrac{k}{\log_{10} a}$，$y = \dfrac{k}{\log_{10} b}$，$z = \dfrac{k}{\log_{10} c}$ より，

$\dfrac{1}{x} = \dfrac{\log_{10} a}{k}$，$\dfrac{1}{y} = \dfrac{\log_{10} b}{k}$，$\dfrac{1}{z} = \dfrac{\log_{10} c}{k}$

よって，$\dfrac{1}{x} + \dfrac{1}{y} = \dfrac{2}{z}$　に代入して，（$x,\ y,\ z$ の文字の消去）

$\dfrac{\log_{10} a}{k} + \dfrac{\log_{10} b}{k} = \dfrac{2\log_{10} c}{k}$

両辺にkを掛けると，

$\log_{10} a + \log_{10} b = 2\log_{10} c$

よって，$\log_{10} ab = \log_{10} c^2$ より，$ab = c^2$

ゆえに，$c = \sqrt{ab}$ となります。

《解説２》

少し強引ですが，aとbを，cで表す **１文字表現** という解法もあります。

$a^x = c^z$ より，$(a^x)^{\frac{1}{x}} = (c^z)^{\frac{1}{x}}$ よって，$a = c^{\frac{z}{x}}$

$b^y = c^z$ より，$(b^y)^{\frac{1}{y}} = (c^z)^{\frac{1}{y}}$ よって，$b = c^{\frac{z}{y}}$

したがって，$ab = c^{\frac{z}{x}} \cdot c^{\frac{z}{y}} = c^{\frac{z}{x}+\frac{z}{y}}$……①

また，$\dfrac{1}{x} + \dfrac{1}{y} = \dfrac{2}{z}$ より，両辺にzを掛けて

$\dfrac{z}{x} + \dfrac{z}{y} = 2$ これを①に代入して

$ab = c^2$ ゆえに，$c = \sqrt{ab}$ となります。

aとbを，cという１文字で表す **１文字表現** という解法もあることも知っておいてください。

【例題４】

(1) $y = 5 \cdot 3^x + 2 \cdot 3^{-x}$ の最小値を求めよ。

(2) $a = \log_3 x$, $b = \log_9 y$　とする。

$ab = 2$　ならば，$x > 1$, $y > 1$　のときの

xy の最小値を求めよ。

（センター試験・改題）

《解説》

指数・対数がらみの最小値は，相加・相乗が原則

これは，しっかりと頭に入れておいてください。

例えば，$a^x \cdot \dfrac{1}{a^x}$ は１になります。これらを有効に使います。

(1) 相加平均・相乗平均を使いますと，$5 \cdot 3x > 0$, $2 \cdot 3^{-x} > 0$ より，

$$y = 5 \cdot 3^x + 2 \cdot 3^{-x} \geqq 2\sqrt{5 \cdot 3^x \cdot 2 \cdot \frac{1}{3^x}} = 2\sqrt{10}$$

となることから，y の最小値は，$2\sqrt{10}$ となります。

等号は，$5 \cdot 3^x = 2 \cdot \dfrac{1}{3^x}$ のとき，　すなわち，$(3^x)^2 = \dfrac{2}{5}$ より

$3^x = \left(\dfrac{2}{5}\right)^{\frac{1}{2}}$ から，$x = \log_3 \left(\dfrac{2}{5}\right)^{\frac{1}{2}} = \dfrac{1}{2}\log_3 \dfrac{2}{5} = \dfrac{1}{2}(\log_3 2 - \log_3 5)$

よって，$x = \dfrac{1}{2}(\log_3 2 - \log_3 5)$ のとき，最小値は，$\underline{\underline{2\sqrt{10}}}$

(2) $x = 3^a$, $y = 9^b$ より，

$xy = 3^a \cdot 9^b = 3^a (3^2)^b = 3^{a+2b}$

これが，最小になるのは，$a + 2b$ が最小のときで，

仮定の $ab = 2$（$a > 0$，$b > 0$）により，相加平均・相乗平均を使い，

$a + 2b \geqq 2\sqrt{a \cdot 2b} = 2\sqrt{4} = 4$（等号は $a = 2b$ のとき）

よって，xy の最小値は，$3^4 = \underline{\underline{81}}$

【例題５】

t が実数全体を変わるとき，

$y = 4^t + 4^{-t} - 2a(2^t + 2^{-t})$　（a は定数）

の最小値を求めよ。

《解説》

最後に，応用編を解いてみます。

指数の和・差は，**置き換え** でした。この問題では，$2^t = x$ と置き換えても解けますが，$2^t + 2^{-t} = x$ と置き換えると解法が楽になります。

$2^t + 2^{-t} = x$ と置いて，２乗すると，

$4^t + 2 + 4^{-t} = x^2$ から，$4^t + 4^{-t} = x^2 - 2$

よって，$y = x^2 - 2ax - 2 = (x - a)^2 - (a^2 + 2)$

相加平均・相乗平均の関係から，

$x = 2^t + 2^{-t} \geqq 2\sqrt{2^t \cdot 2^{-t}} = 2$

（等号は，$2^t = 2^{-t}$ すなわち，$t = 0$ のとき）

このことから，$x \geqq 2$ のとき，$y = (x - a)^2 - (a^2 + 2)$ の最小値を求める問題になります。

このあと，場合分けをしなければなりませんが，その解法は第５章「２次関数の解法の秘伝」で詳しく説明しますので，待っていてください。

最後まで解いておきます。

(i) $a \leqq 2$ のとき

グラフは右のようになり，

y は $x = 2$ のとき

最小値 $2 - 4a$ となります。

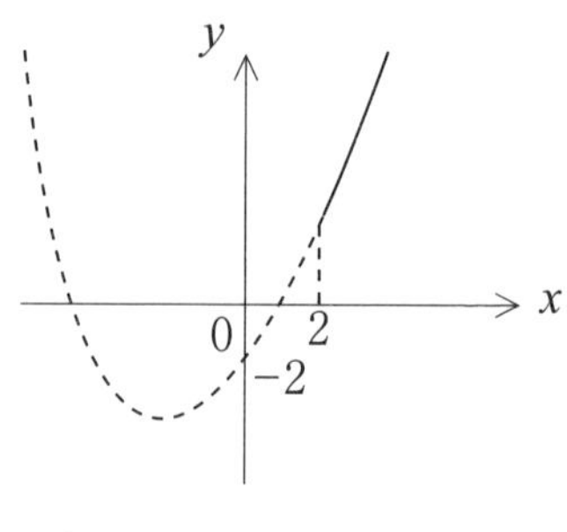

t の値を求めると，

$2^t + 2^{-t} = 2$ より

$2^t = p$ とおくと　$p + \dfrac{1}{p} = 2$ より　$p^2 - 2p + 1 = 0$

$(p-1)^2 = 0$ より　$p = 1$

よって，$2^t = 1 = 2^0$ より　$t = 0$

(ii) $2 < a$ のとき

グラフは右のようになり，

y は $x = a$ で最小値 $-(a^2 + 2)$

このとき

$2^t + 2^{-t} = a$ より

$2^t = q$ とおくと　$q + \dfrac{1}{q} = a$ から

$q^2 - aq + 1 = 0$　よって　$q = \dfrac{a \pm \sqrt{a^2 - 4}}{2}$

$2^t = \dfrac{a \pm \sqrt{a^2 - 4}}{2}$　より　$t = \log_2 \dfrac{a \pm \sqrt{a^2 - 4}}{2}$

以上より

$a \leqq 2$ のとき，最小値　$2 - 4a$ $(t = 0)$

$2 < a$ のとき，最小値　$-(a^2 + 2)$

$$\left(t = \log_2 \frac{a \pm \sqrt{a^2 - 4}}{2} \right)$$

第4章　ベクトルの秘伝

ベクトルの問題も，大学入試問題では，得点しやすい単元であり，解法の処理の仕方が分かりやすく，是非得点してほしいところです。得意単元になってください。

ここで，**ベクトルの平面図形の解法の秘伝**をまとめておきます。

①２つのベクトル $\vec{a}$，$\vec{b}$ を定める。

（問題に与えてあれば，それを利用する。）

⇒他のベクトルを，この２つのベクトルで表す。

他の全てのベクトルは，$p\vec{a}+q\vec{b}$　となる。

＊ベクトルの加法は，寄り道の考えを利用する。

⇒実数倍【同一直線上】・【分点公式】による読み替えで処理。

②位置ベクトルの利用

⇒原点Ｏを決めて，全ての頂点に矢を放つ。

他のベクトルを，【分点公式】により表す。

＊ベクトルの加法の寄り道は，原点Ｏとする。

⇒実数倍【同一直線上】・【分点公式】による読み替えで処理。

これだけでは，少しわかりにくいと思いますので，この秘伝が，具体的に使えるように，次の例題で説明します。

【例題１】

△ABCの重心をGとする。

$\overrightarrow{GA}+\overrightarrow{GB}+\overrightarrow{GC}=\vec{0}$ を示せ。

《解説１》

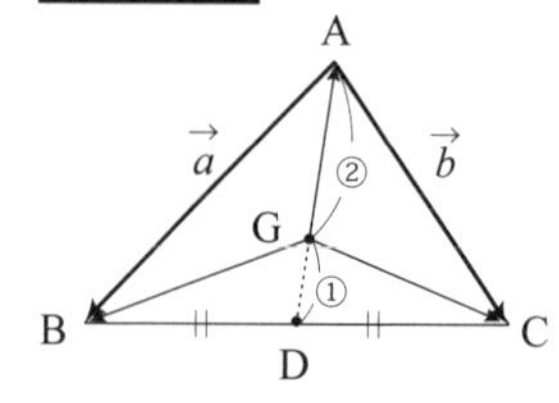

まず，スタートは２つのベクトル $\vec{a}$，$\vec{b}$ を定めることから始めます。この問題では，どれを $\vec{a}$，$\vec{b}$ としても解けますが，$\overrightarrow{AB}$ を $\vec{a}$，$\overrightarrow{AC}$ を $\vec{b}$ とします。

目標は，この $\vec{a}$，$\vec{b}$ を用いて $\overrightarrow{GA}$，$\overrightarrow{GB}$，$\overrightarrow{GC}$ を表すことになります。

Gが△ABCの重心ですから，DはBCの中点でAG：GD ＝ 2：1を使います。

DがBCの中点ですから，$\overrightarrow{AD}=\dfrac{1}{2}(\vec{a}+\vec{b})$

まず $\overrightarrow{GA}$ ですが，$\overrightarrow{GA}=\dfrac{2}{3}\overrightarrow{DA}=\dfrac{2}{3}(-\overrightarrow{AD})$

$$=\frac{2}{3}\left\{-\frac{1}{2}(\vec{a}+\vec{b})\right\}=-\frac{1}{3}\vec{a}-\frac{1}{3}\vec{b}$$

$\overrightarrow{GB}$ と $\overrightarrow{GC}$ はAに寄り道して

$$\overrightarrow{GB}=\overrightarrow{GA}+\overrightarrow{AB}=\left(-\frac{1}{3}\vec{a}-\frac{1}{3}\vec{b}\right)+\vec{a}=\frac{2}{3}\vec{a}-\frac{1}{3}\vec{b}$$

$$\overrightarrow{GC}=\overrightarrow{GA}+\overrightarrow{AC}=\left(-\frac{1}{3}\vec{a}-\frac{1}{3}\vec{b}\right)+\vec{b}=-\frac{1}{3}\vec{a}+\frac{2}{3}\vec{b}$$

よって，$\overrightarrow{GA}+\overrightarrow{GB}+\overrightarrow{GC}=\left(-\frac{1}{3}\vec{a}-\frac{1}{3}\vec{b}\right)+\left(\frac{2}{3}\vec{a}-\frac{1}{3}\vec{b}\right)+\left(-\frac{1}{3}\vec{a}+\frac{2}{3}\vec{b}\right)=\vec{0}$

となって，示されました。

この解法は△ABCの３辺のどれを $\vec{a}$，$\vec{b}$ に定めても同じ解法になります。

《解説2》

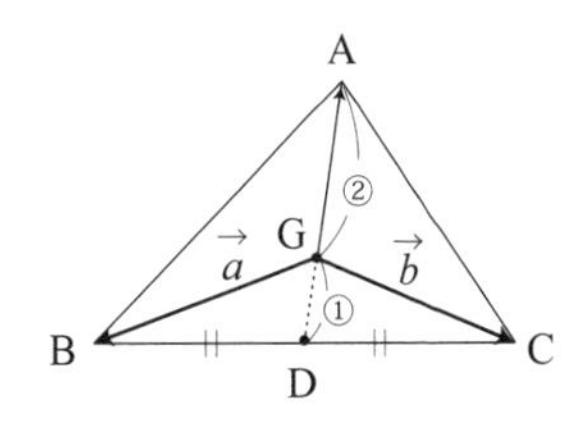

△ABCの3辺をとらないで，目標の$\overrightarrow{GA}$，$\overrightarrow{GB}$，$\overrightarrow{GC}$の中の2つを$\vec{a}$，$\vec{b}$にとると，もっとスピーディに解くことができます。

これも，$\overrightarrow{GA}$，$\overrightarrow{GB}$，$\overrightarrow{GC}$のどれを$\vec{a}$，$\vec{b}$としても解けますが，$\overrightarrow{GB}=\vec{a}$，$\overrightarrow{GC}=\vec{b}$とします。この場合もDはBCの中点でAG：GD＝2：1を使います。

目標は，この$\vec{a}$，$\vec{b}$を用いて$\overrightarrow{GA}$を表すことになります。

すると，$\overrightarrow{GA}=-2\overrightarrow{GD}=-2\left(\dfrac{\vec{a}+\vec{b}}{2}\right)=-\vec{a}-\vec{b}$

となりますので

$\overrightarrow{GA}+\overrightarrow{GB}+\overrightarrow{GC}=(-\vec{a}-\vec{b})+\vec{a}+\vec{b}=\vec{0}$

となって，示されました。

2つの《解説1》《解説2》で，秘伝の①が理解できたと思います。

この問題では，この2つの解説で十分ですが，別の問題で，どうしても2ベクトルを定めても，うまくいかない場合があります。そのときは次の《解説3》で説明します「②位置ベクトルの利用」で必ず道は開けます。

《解説３》

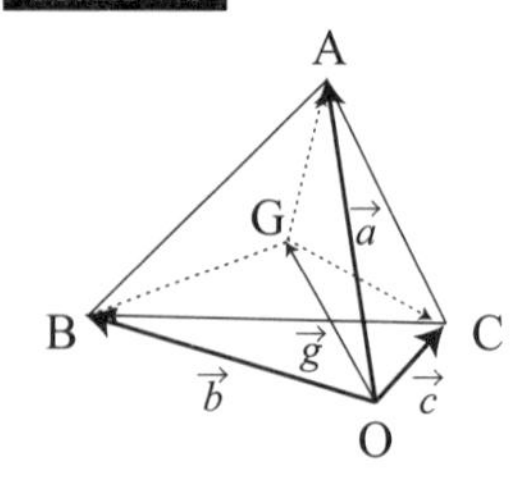

位置ベクトルを用いるときは，原点Ｏはできるだけ一般的に見やすいところにとります。そしてＯから各点に向かって矢を放つと，左図のようになります。

次に，目標である$\overrightarrow{\mathrm{GA}}$，$\overrightarrow{\mathrm{GB}}$，$\overrightarrow{\mathrm{GC}}$をこの$\vec{a}$，$\vec{b}$，$\vec{c}$，$\vec{g}$を用いて表すことになりますが，加法の寄り道は原点Ｏにしますと，

$$\overrightarrow{\mathrm{GA}}=\overrightarrow{\mathrm{GO}}+\overrightarrow{\mathrm{OA}}=-\vec{g}+\vec{a}$$

同様にして，
$$\overrightarrow{\mathrm{GB}}=\overrightarrow{\mathrm{GO}}+\overrightarrow{\mathrm{OB}}=-\vec{g}+\vec{b}$$
$$\overrightarrow{\mathrm{GC}}=\overrightarrow{\mathrm{GO}}+\overrightarrow{\mathrm{OC}}=-\vec{g}+\vec{c}$$

よって，
$$\overrightarrow{\mathrm{GA}}+\overrightarrow{\mathrm{GB}}+\overrightarrow{\mathrm{GC}}=(-\vec{g}+\vec{a})+(-\vec{g}+\vec{b})+(-\vec{g}+\vec{c})$$
$$=-3\vec{g}+\vec{a}+\vec{b}+\vec{c}$$

ところが，$\vec{g}=\dfrac{\vec{a}+\vec{b}+\vec{c}}{3}$ より　代入して

$$\overrightarrow{\mathrm{GA}}+\overrightarrow{\mathrm{GB}}+\overrightarrow{\mathrm{GC}}=-3\,\frac{\vec{a}+\vec{b}+\vec{c}}{3}+\vec{a}+\vec{b}+\vec{c}$$
$$=-(\vec{a}+\vec{b}+\vec{c})+\vec{a}+\vec{b}+\vec{c}$$
$$=\vec{0}$$

となって，示されました。

※ここで，$\vec{g}=\dfrac{\vec{a}+\vec{b}+\vec{c}}{3}$は定理として証明しないで用いてもよいものです。証明は《解説１》のように，BCの中点ＤとAG：GD＝２：１を用いて分点公式を使えばすぐにできます。

《解説１》から《解説3》でベクトルの平面図形の解法の秘伝が理解してもらえたと思います。

【例題2】

△ABCの辺BCの中点をMとするとき

$AB^2 + AC^2 = 2(AM^2 + BM^2)$ を証明せよ。

《解説》

これは有名な『パップスの中線定理』といわれます。

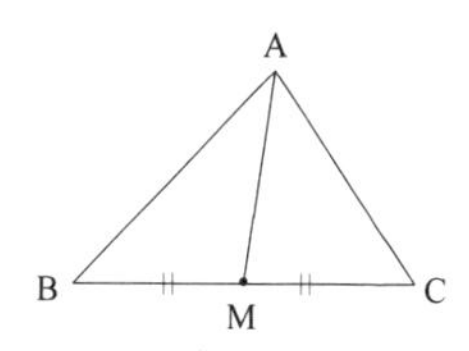

この証明には，Aから垂線を下す「初等幾何学的手法」によるものや，BCをx軸，Mを通りBCに垂直にy軸をとる「座標軸を設定する手法」によるものや，△AMCと△AMBに余弦定理を適用することもできますが，ベクトルを用いて証明してみます。

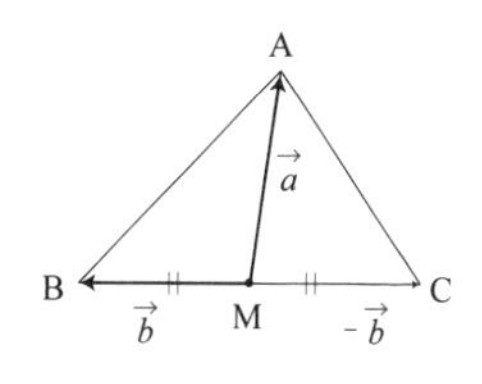

まず，2つのベクトル$\vec{a}$，$\vec{b}$を左図のように定めてみると，$\overrightarrow{MC}$は$-\vec{b}$となります。

$\overrightarrow{AB}$はMに寄り道すると

$$\overrightarrow{AB} = \overrightarrow{AM} + \overrightarrow{MB} = -\vec{a} + \vec{b}$$

$$\overrightarrow{AC} = \overrightarrow{AM} + \overrightarrow{MC} = -\vec{a} + (-\vec{b})$$

すると，$AB^2 = |\overrightarrow{AB}|^2 = |-\vec{a} + \vec{b}|^2 = |\vec{b} - \vec{a}|^2$

$AC^2 = |\overrightarrow{AC}|^2 = |-\vec{a} - \vec{b}|^2$

ここで，$\vec{p} \cdot \vec{p} = |\vec{p}|^2$ を用います。

$$AB^2 = |\vec{b} - \vec{a}|^2 = (\vec{b} - \vec{a}) \cdot (\vec{b} - \vec{a}) = \vec{b} \cdot \vec{b} - 2\vec{a} \cdot \vec{b} + \vec{a} \cdot \vec{a}$$

$$= |\vec{b}|^2 - 2\vec{a} \cdot \vec{b} + |\vec{a}|^2$$

$$
\begin{aligned}
\mathrm{AC}^2 = |-\vec{a}+\vec{b}|^2 = (-\vec{a}-\vec{b})\cdot(-\vec{a}-\vec{b}) &= \vec{a}\cdot\vec{a}+2\vec{a}\cdot\vec{b}+\vec{b}\cdot\vec{b} \\
&= |\vec{a}|^2+2\vec{a}\cdot\vec{b}+|\vec{b}|^2
\end{aligned}
$$

よって，$\mathrm{AB}^2 + \mathrm{AC}^2 = 2(|\vec{a}|^2 + |\vec{b}|^2)$

ところが，$|\vec{a}|^2 = \mathrm{AM}^2$，$|\vec{b}|^2 = \mathrm{BM}^2$ より

$\mathrm{AB}^2 + \mathrm{AC}^2 = 2(\mathrm{AM}^2 + \mathrm{BM}^2)$

となって，『パップスの中線定理』のベクトルを用いた証明ができました。

このように，一歩一歩山を登っていくと，見晴らしのよい解法が見えてきます。頑張って山を登っていってください。

ベクトルは「図形と計量」や「図形の性質」で威力を発揮します。

この章では，「ベクトルの平面図形の解法の秘伝」を説明し，それ以外のベクトルの応用は，第９章で取り上げます。

【例題3】

平行四辺形ABCDの辺ABを1：3に内分する点をE，対角線BDを3：4に内分する点をFとする。

このとき，3点C，F，Eは同一線上にあることを証明せよ。

《解説》

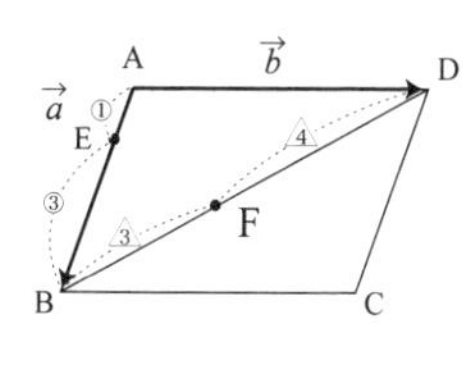

3点が【同一直線上】は実数倍の解法の秘伝により，$\overrightarrow{CE}=k\overrightarrow{CF}$をねらいます。

まず，2つのベクトルを左図のように定めますが，この問題もどの2つのベクトルに定めても解けます。

$\overrightarrow{AB}=\vec{a}$，$\overrightarrow{AD}=\vec{b}$　とおくと，目標は$\overrightarrow{CE}$と$\overrightarrow{CF}$です。

$\overrightarrow{CE}$はCからBに寄り道してEにつきますので，

$$\overrightarrow{CE}=\overrightarrow{CB}+\overrightarrow{BE}$$

ここで，$\overrightarrow{CB}=-\vec{b}$，$\overrightarrow{BE}=-\frac{3}{4}\vec{a}$　ですから

$$\overrightarrow{CE}=-\vec{b}+\left(-\frac{3}{4}\vec{a}\right)$$

次は，$\overrightarrow{CF}$です。CからBに寄り道してFにつきますので，

$$\overrightarrow{CF}=\overrightarrow{CB}+\overrightarrow{BF}$$

ここで，$\overrightarrow{CB}=-\vec{b}$

$$\overrightarrow{BF}=\frac{3}{7}\overrightarrow{BD}=\frac{3}{7}(-\vec{a}+\vec{b})=-\frac{3}{7}\vec{a}+\frac{3}{7}\vec{b}$$

よって，$\overrightarrow{CF}=-\vec{b}+\left(-\frac{3}{7}\vec{a}+\frac{3}{7}\vec{b}\right)=-\frac{3}{7}\vec{a}-\frac{4}{7}\vec{b}$

さて，目標に向かうと，

$\overrightarrow{\mathrm{CE}} = k\overrightarrow{\mathrm{CF}}$ の k を求められれば完了です。

つまり，

$-\frac{3}{4}\vec{a} - \vec{b} = k\left(-\frac{3}{7}\vec{a} - \frac{4}{7}\vec{b}\right)$ となる k の値ですが，

左辺にまとめると，

$$\left(\frac{3}{7}k - \frac{3}{4}\right)\vec{a} + \left(\frac{4}{7}k - 1\right)\vec{b} = \vec{0}$$

$\vec{a}$ と $\vec{b}$ は同一直線上にありませんから

$\frac{3}{7}k - \frac{3}{4} = 0$　かつ　$\frac{4}{7}k - 1 = 0$　となります。

つまり，$k = \frac{7}{4}$ となりましたので

$$\overrightarrow{\mathrm{CE}} = \frac{7}{4}\overrightarrow{\mathrm{CF}}$$

したがって，3点C，F，Eは同一直線上にあります。

第５章　２次関数の解法の秘伝

２次関数は，３次関数や４次関数のような微分を用いた解法を学習する前に，中学校の２次関数の拡張として先に学習します。そのために，微分を用いた解法ではない２次関数特有の問題が入試問題としても出題されます。

まず，２次関数のグラフでは，必ず，頂点の座標を求めることになります。

$y = ax^2 + bx + c \ (a \neq 0)$ を平方完成して，

$y = a\left(x + \dfrac{b}{2a}\right)^2 - \dfrac{b^2 - 4ac}{4a}$ より，頂点の座標は，$\left(-\dfrac{b}{2a},\ -\dfrac{b^2 - 4ac}{4a}\right)$ となります。

この頂点の座標は，何度も解いているうちに自然に覚えてしまうものですが，微分をしますと，

$y' = 2ax + b = 0$ より，$x = -\dfrac{b}{2a}$ となり，極小になる x の値は $x = -\dfrac{b}{2a}$ で，これが頂点の x 座標であり，軸の方程式であります。

頂点の y 座標は，x に $-\dfrac{b}{2a}$ を代入することになりますが，頂点の y 座標も，分母の $b^2 - 4ac$ は判別式 D ですので，$-\dfrac{D}{4a}$ と覚えやすい形をしています。

このことも，今後うまく利用してください。

ここで，**2次関数の解法の秘伝**をまとめておきます。

① x軸から切り取る線分の長さは，$\dfrac{\sqrt{D}}{|a|}$（対称性にも注目）

② 2次方程式の解の分離は，判（はん）・軸（じく）・境（きょう）

③ 2次関数の最大・最小の場合分け

(i) $a>0$のとき，

最大値；軸が区間の　中央・中央より左・中央より右

最小値；軸が区間の　内・左外・右外

(ii) $a<0$のとき，（$a>0$のときの逆）

最大値；軸が区間の　内・左外・右外

最小値；軸が区間の　中央・中央より左・中央より右

特に，2次関数特有の解法の秘伝を取り上げましたが，これだけでは，少し分かりにくいと思いますので，この秘伝が使えるように，具体的に例題で説明していきます。

②の判・軸・境といいますのは，**判**別式・**軸**の位置・**境**界をおさえると，2次関数のグラフの位置が確定するということです。

特に，③の(ii)は，ほとんどの参考書にはありませんが，入試問題ではかなり出題されています。

【例題１】

放物線　$y = x^2 + ax + 2a - 6$ と x 軸との交点をP, Qとするとき，線分PQの長さが $2\sqrt{6}$　になる a の値を求めよ。

《解説１》

まず秘伝の①を説明しておきます。

$y = ax^2 + bx + c$ $(a \neq 0)$ が x 軸と異なる２点で交わるときは，判別式を D とすると

$D = b^2 - 4ac > 0$　となります。

$a > 0$ のときは

x

$\dfrac{-b-\sqrt{D}}{2a}$　　$\dfrac{-b+\sqrt{D}}{2a}$

（　$y = 0$ とおくと　$ax^2 + bx + c = 0$ より

$$x = \frac{-b \pm \sqrt{D}}{2a}$$　）

よって，x 軸から切り取る線分の長さは

$$\frac{-b+\sqrt{D}}{2a} - \frac{-b-\sqrt{D}}{2a} = \frac{2\sqrt{D}}{2a} = \frac{\sqrt{D}}{a}$$

$a < 0$ のときも同様にして，結局 $\dfrac{\sqrt{D}}{|a|}$ となります。

この問題でも，同じように解の公式を用いてもできますが，同じような問題を何回か解いていると，自然に $\dfrac{\sqrt{D}}{|a|}$ は使えるようになります。

この場合，$\text{PQ} = \dfrac{\sqrt{a^2 - 4(2a-6)}}{1} = \sqrt{a^2 - 8a + 24}$　　となります。

すると，$\sqrt{a^2 - 8a + 24} = 2\sqrt{6}$　より　$a^2 - 8a = 0$　から

$\underline{\underline{a = 0,\ 8}}$　となります。

《解説２》

ところが，対称性に注目してみますと，

軸の方程式は（$y' = 2x + a = 0$ より）$x = -\dfrac{a}{2}$

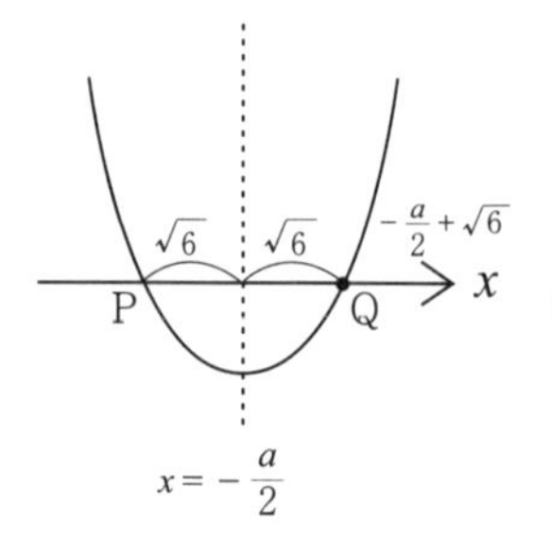

よって，Q の x 座標は $-\dfrac{a}{2}+\sqrt{6}$

この x 座標が y を 0 にしますので

$y = x^2 + ax + 2a - 6$ の x に $-\dfrac{a}{2}+\sqrt{6}$ を代入して

$$\left(-\frac{a}{2}+\sqrt{6}\right)^2+a\left(-\frac{a}{2}+\sqrt{6}\right)+2a-6=0$$

$\dfrac{a^2}{4}-\sqrt{6}\,a+6-\dfrac{a^2}{2}+\sqrt{6}\,a+2a-6=0$　より

$-\dfrac{a^2}{4}+2a=0$　これを解くと　$\underline{\underline{a = 0,\ 8}}$

となります。

この解法はいろいろな場面で有効です。

次に秘伝の②の判・軸・境について典型的な入試問題を取り上げて説明しますが，先に判・軸・境を使わない場合を示しておきます。

$f(x) = ax^2 + bx + c$　$(a > 0)$ としますと，$f(x) = 0$ の２解について，

(ア) ［２つの解が，p より大と小］ ⇔ ［$f(p) < 0$］

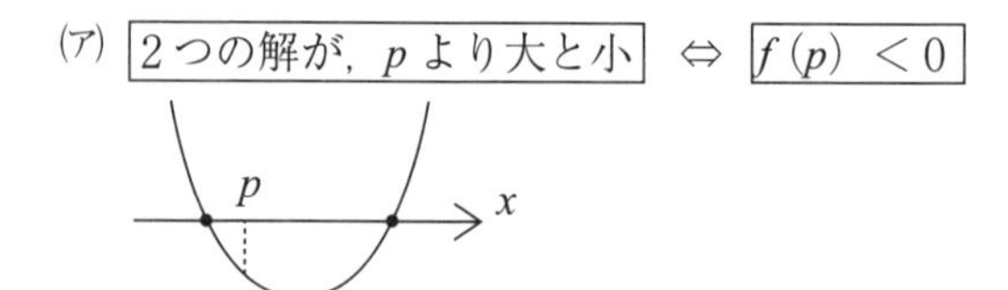

(イ) 1つの解が p と q の間で他の解が p と q の外 $\Leftrightarrow$ $\begin{cases} f(p)>0 \\ f(q)<0 \end{cases}$ または $\begin{cases} f(p)<0 \\ f(q)>0 \end{cases}$

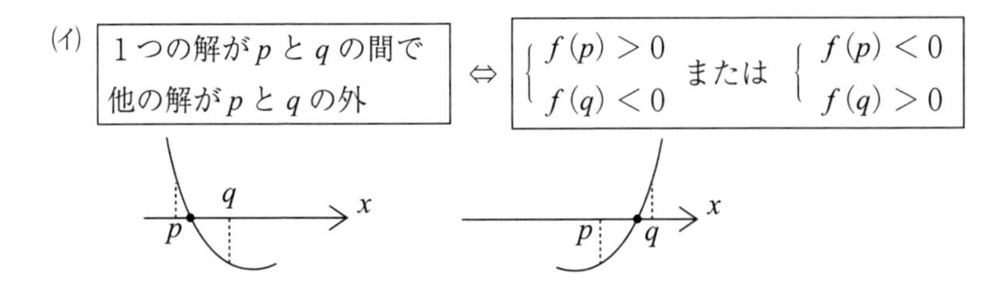

【例題 2】

2次方程式 $2x^2+kx+k=0$ の異なる2つの解がともに，1より小さくなるような k の値の範囲を求めよ。

《解説》

それでは，秘伝②の判・軸・境について説明します。これで，2次関数のグラフの位置を確定させることができます。

$y=f(x)=2x^2+kx+k$ とおくと，問題に適するグラフは下図のようになることが目標です。

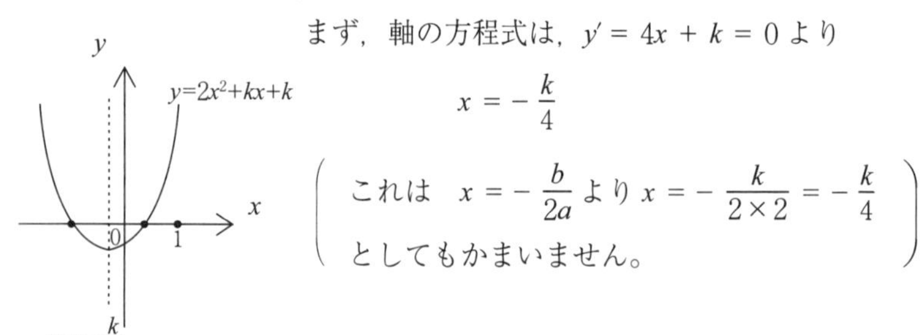

まず，軸の方程式は，$y'=4x+k=0$ より

$$x=-\frac{k}{4}$$

（これは　$x=-\dfrac{b}{2a}$ より $x=-\dfrac{k}{2\times 2}=-\dfrac{k}{4}$ としてもかまいません。）

(i) 判別式　(ア)をはずします。

まず，グラフが x 軸より下に沈んでいなければなりません。

これが判別式 $D>0$ です。

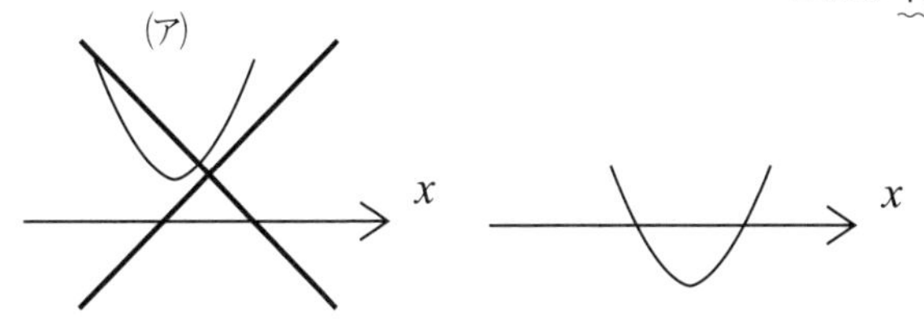

(ii) 軸の位置　（ア）をはずします。

次に，軸が１より左になければなりません。

これが軸＜１です。

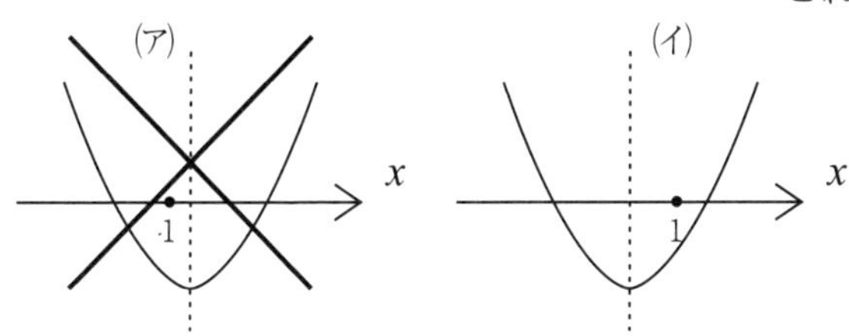

(iii) 境界

ところが，(i)，(ii)だけでは目標に到達しません。

それは (ii) の (イ) もはずさなければならないからです。

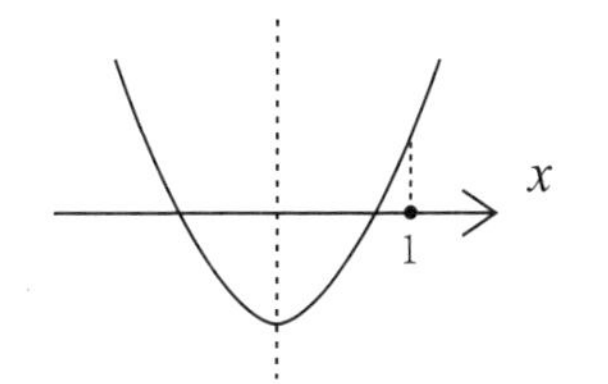

そこで (ii) の (イ) をはずすために

$f(1)>0$ にします。

これが境界に注目することです。

（(ii)の(イ)は $f(1)<0$ です。）

(i)，(ii)，(iii)で，２次関数のグラフは固定され，目標達成です。

この問題では，

(i) $D = k^2 - 8k > 0$ より $k < 0,\ 8 < k$ ……①

(ii) $-\dfrac{k}{4} < 1$ より $k > -4$ ……②

(iii) $f(1) = 2 + k + k > 0$ より $k > -1$ ……③

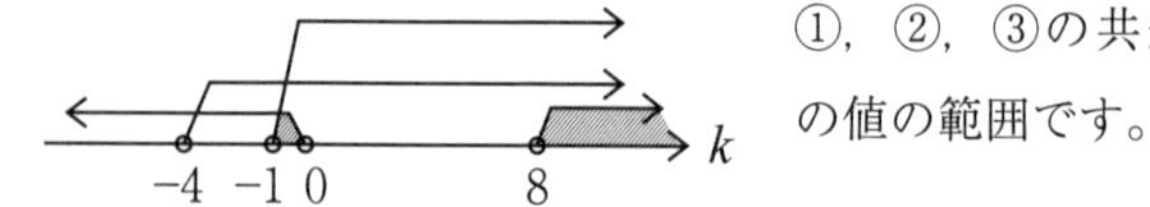

①，②，③の共通部分が求める k の値の範囲です。

つまり，$-1 < k < 0,\ 8 < k$ となります。

それでは，秘伝の③の２次関数の最大・最小の場合分けについて説明します。

２次関数の最大・最小は，必ずグラフを書かなければなりません。

このとき，２次関数に文字が入っていたり，区間に文字が入っていますと，場合分けは必要となります。

今から，その場合分けを具体的に示してみますが，これは必ず頭に焼きつけておいてください。なれると，意外にシンプルな結果になり，穴埋め問題では，即座に答えを埋めることも可能となります。

（もはや数学ではなくなってしまいますが，有効な方法ではあります）

(i)　$a > 0$ のとき　（軸は点線にして区間の中央を太線にします。）

(ア)　最大値

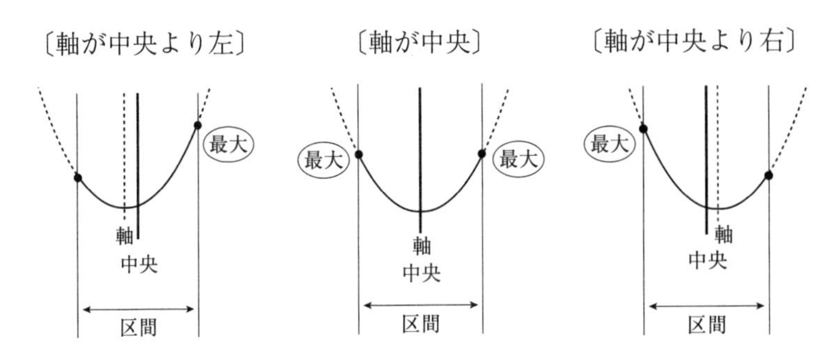

つまり，最大値は端点しかとらないことになります。

(イ)　最小値 （軸は点線にします。）

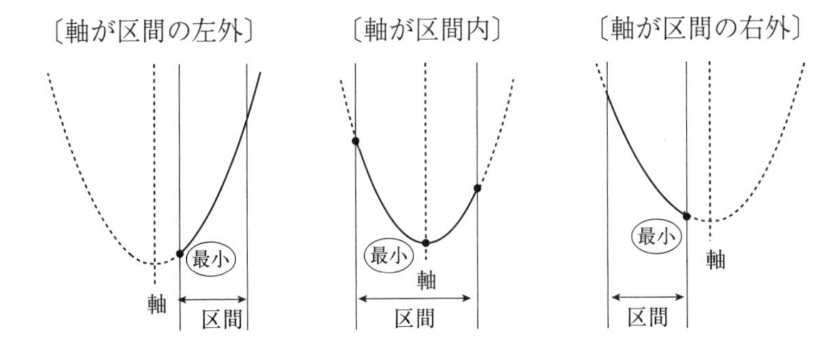

つまり，最小値は端点が頂点しかとらないことになります。

(ii)　$a < 0$ のとき

$a > 0$ のときは，入試問題に出つくしていますので，近年は，$a < 0$ が出題されることが非常に多くなってきました。

ところが，ほとんどの参考書にはとりあげられていません。

この場合は，$a > 0$ のときの場合分けと反対になります。

(ア) 最大値 (軸は点線にします。)

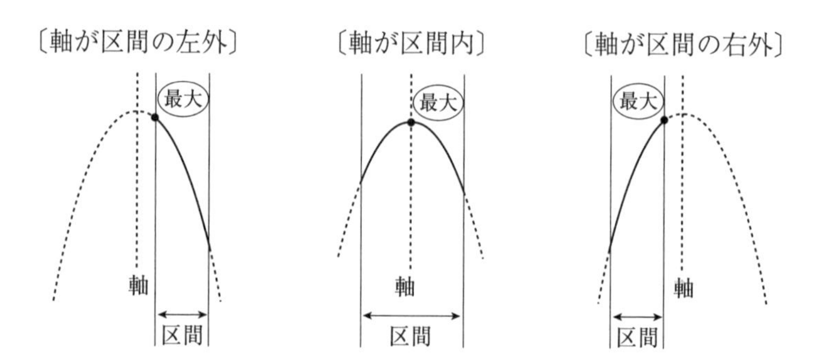

つまり，最大値は端点か頂点しかとならいことになります。

(イ) 最小値 (軸は点線にして区間の中央を太線にします。)

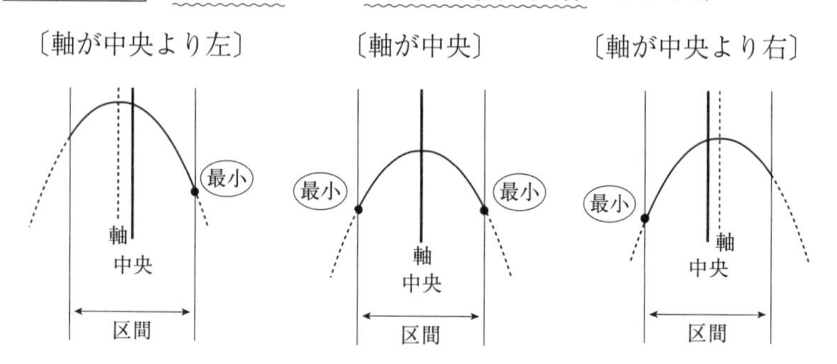

つまり，最小値は端点しかとらないことになります。

それでは，この２次関数の最大・最小の具体的な問題を取りあげて，説明してみます。

【例題３】

２次関数 $y = -4x^2 + 4(a-1)x - a^2$（$a$ は定数）のグラフの $-1 \leqq x \leqq 1$ における最大値を求めよ。

《解説》

文字 a が入っていますので，場合分けが必要ですが，ひとまず，軸の方程式を求めておきます。

$x = -\dfrac{4(a-1)}{2\times(-4)} = \dfrac{a-1}{2}$　また，頂点は $\left(\dfrac{a-1}{2},\ -2a+1\right)$

これは［(ii)の(ア)］にあたりますので，軸が(i)区間の左外，(ii)内，(iii)右外で場合分けすることになります。$y = f(x) = -4x^2 + 4(a-1)x - a^2$ とおきます。

(i) $\dfrac{a-1}{2} < -1$ のとき

すなわち，$a < -1$ のときは，最大値は　$x = -1$ のとき

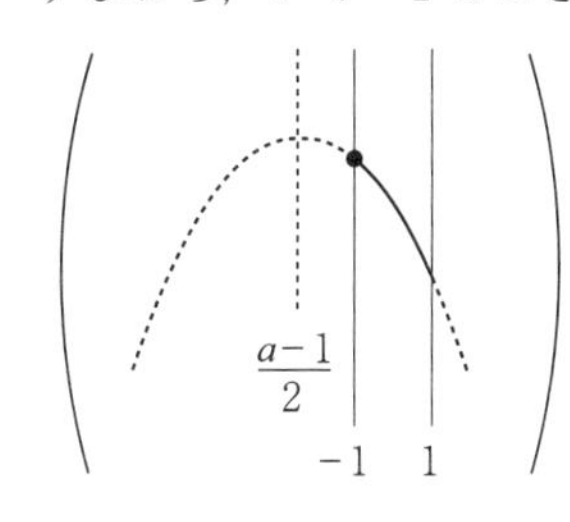

$$f(-1) = -4 - 4(a-1) - a^2$$
$$= -4 - 4a + 4 - a^2$$
$$= -a^2 - 4a$$

となります。

(ii) $-1 \leqq \dfrac{a-1}{2} \leqq 1$　のとき

すなわち，$-1 \leqq a \leqq 3$ のときは，最大値は

$\frac{a-1}{2}$

-1　1

$x = \dfrac{a-1}{2}$ のとき

頂点の y 座標の $-2a+1$

となります。

(iii) $1 < \dfrac{a-1}{2}$ のとき

すなわち，$3 < a$ のときは，最大値は　$x = 1$ のとき

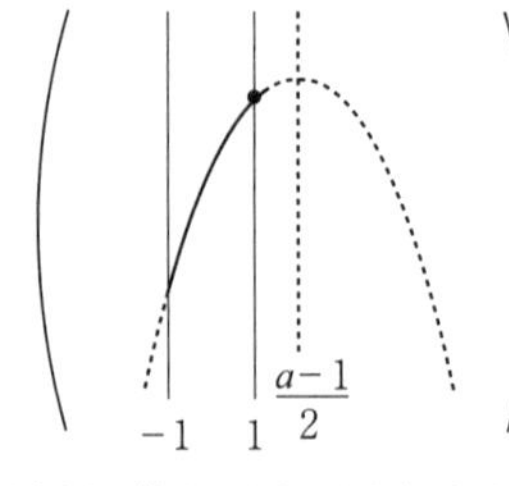

$$f(1) = -4 + 4(a-1) - a^2$$

$$= -a^2 + 4a - 8$$

となります。

結局（(i)，(ii)，(iii)をまとめて

$a < -1$ のときは，　$x = -1$ のとき　最大値　$-a^2 - 4a$

$-1 \leqq a \leqq 3$ のときは，$x = \dfrac{a-1}{2}$ のとき最大値　$-2a+1$

$3 < a$ のときは，　$x = 1$ のとき　最大値　$-a^2 + 4a - 8$

この解説で，2次関数の最大・最小の場合分けが理解してもらえたと思います。

すぐになれるものですので，イヤがらないでもう一度，この解説を見ないで，白紙に解いてみてください。努力は必ずむくわれます。

第６章 微分法の秘伝

高校数学におけます「微分法」は，大学に入ってから学び直さなければならない極限から入って，数学Ⅱでは整関数のみを扱い，分かったような，分からないような複雑な気持ちで，問題に取り組んでいると思います。

これは，数学Ⅲでも同じことで，結局のところ，大学で改めてやり直すことになります。

しかし，結論は間違っていませんから，付き合ってください。

この章では，数学Ⅱの「微分法」を扱いますが，大学入試問題を解く場合，数学Ⅲの内容を用いて解いても，決して減点されませんので，数学Ⅲも取り入れながら，分かりやすく説明していきます。

微分法と積分法は，大学入試問題では必ず出題されますので，是非得意分野にしてください。

数学Ⅱの微分法では，３次関数のグラフが主体になります。

$y = ax^3 + bx^2 + cx + d \ (a \neq 0)$　のグラフの概形は大丈夫だと思います。その中で，是非とも使ってほしい特徴は，数学Ⅲで学習します「変曲点」です。３次関数のグラフでは，この変曲点が「点対称の中心」になっています。その x 座標は y を２回，微分して求めます。

$y' = 3ax^2 + 2bx + c$　$y'' = 6ax + 2b$　この $y'' = 0$　となる x の値を求めて，$x = -\dfrac{b}{3a}$　この x の値が，点対称の中心の x 座標です。

つまり，$\left(-\dfrac{b}{3a},\ f\left(-\dfrac{b}{3a}\right)\right)$が変曲点で，グラフはこの点に関して，点対称になっています。これは，３次関数のグラフを扱う場合の非常に有効な武器になります。

ここで，**微分法の秘伝**をまとめておきます。

① $f'(a)=\lim_{■\to 0}\dfrac{f(a+■)-f(a)}{■}$

$f'(x)=\lim_{■\to 0}\dfrac{f(x+■)-f(x)}{■}$

② $\lim_{x\to a}\dfrac{f(x)}{g(x)}=k$（一定）かつ$\lim_{x\to a}g(x)=0$

$\Rightarrow\ \lim_{x\to a}f(x)=0$

③接点なければ，文字で与えよ。

④ ２つのグラフ $y=f(x)$，$y=g(x)$ が接する条件

接点の x 座標を t とおくと，

「$f(t)=g(t)$ かつ，$f'(t)=g'(t)$」

⑤ $y = ax^3 + bx^2 + cx + d \ (a \neq 0)$　のグラフは，
$\left(-\dfrac{b}{3a},\ f\left(-\dfrac{b}{3a}\right)\right)$が変曲点で，グラフはこの点に関して，点対称になっている。

⑥ xの整式$f(x)$ が $(x - a)^2$で割り切れるための必要十分条件は，
$f(a) = f'(a) = 0$

⑦ 不等式の証明
関数のグラフ利用⇒差をとり，文字の中の１つをxと置く。

これだけでは，分かりにくいと思いますので，この秘伝が使えるように，具体的に例題で説明していきます。

【例題１】

$\lim_{x \to a} \dfrac{a^2 f(x) - x^2 f(a)}{x - a}$ を a，$f(a)$，$f'(a)$ を用いて表せ。

《解説》

教科書では，$f'(a) = \lim_{b \to a} \dfrac{f(b) - f(a)}{b - a}$

$\Rightarrow\ b - a = h\ \Rightarrow\ f'(a) = \lim_{h \to 0} \dfrac{f(a+h) - f(a)}{h}$

と記載されています。すなわち，h を■と置くと，

$$f'(a) = \lim_{■ \to 0} \frac{f(a + ■) - f(a)}{■}$$

$$f'(a) = \lim_{■ \to a} \frac{f(■) - f(a)}{■ - a}$$

となります。これを頭に置きながら，式変形していきます。

$$\lim_{x \to a} \frac{a^2 f(x) - x^2 f(a)}{x - a} = \lim_{x \to a} \frac{a^2 f(x) - a^2 f(a) + a^2 f(a) - x^2 f(a)}{x - a}$$

$$= \lim_{x \to a} \frac{a^2 \{f(x) - f(a)\} - f(a)(x^2 - a^2)}{x - a}$$

$$= \lim_{x \to a} \left\{ a^2 \frac{f(x) - f(a)}{x - a} - f(a)(x + a) \right\}$$

$$= a^2 f'(a) - 2af(\mathrm{a})$$

$x - a$ を h と置いても解けますが，その場合でも，$-a^2 f(a) + a^2 f(a)$ を追加しなければなりません。これは，初めて学ぶときは戸惑いますが，式の形を作るためにどうしても必要ですので，練習してください。

これが，秘伝の①です。

【例題２】

$\lim_{x \to 2} \frac{x^2 + ax - b}{x - 2} = 5$ のとき，定数 a，b の値を求めよ。

《解説》

秘伝の②に結論だけ書いてありますので，証明をしておきます。これも，少し強引な変形をします。

$$\lim_{x \to a} \frac{f(x)}{g(x)} = k \text{（一定）かつ} \lim_{x \to a} g(x) = 0 \Rightarrow \lim_{x \to a} f(x) = 0$$

〈証明〉

$$\lim_{x \to a} f(x) = \lim_{x \to a} \left\{ \frac{f(x)}{g(x)} \cdot g(x) \right\} = \lim_{x \to a} \frac{f(x)}{g(x)} \cdot \lim_{x \to a} g(x) = k \cdot 0 = 0$$

となります。

注意しなければならないことは，逆は成り立ちません。

それでは，この問題を解いてみます。

$\lim_{x \to 2} (x - 2) = 0$　より　$\lim_{x \to 2} (x^2 + ax - b) = 0$

すなわち，$2^2 + 2a - b = 0$　より，$b = 2a + 4$　………①

このとき，$\lim_{x \to 2} \frac{x^2 + ax - b}{x - 2} = \lim_{x \to 2} \frac{x^2 + ax - (2a + 4)}{x - 2}$

$$= \lim_{x \to 2} \frac{(x - 2)(x + a + 2)}{x - 2} = \lim_{x \to 2} (x + a + 2)$$

$$= a + 4$$

ここまでが，前頁の証明で示したことです。

この $a+4$ が5になるように，a，b の値を求めると，必要十分条件になります。

$\lim_{x \to 2} \frac{x^2+ax-b}{x-2}=5$　から，$a+4=5$　となるので，

$\underline{\underline{a=1}}$　このとき，①より　$\underline{\underline{b=6}}$

となります。

【例題３】

a を実数とする。2 つのグラフ

$y = x^3 - x$,　$y = x^2 + a$　が接するような a の値を求めよ。

この問題を解く前に，2 曲線が接する定義と解法の説明をします。

「2 曲線 A，B が点 T で接する」とは，「A，B が点 P を共有し，かつ，A，B の点 P での接線が一致すること」です。

この定義を確認しないで，2 曲線が接する問題を解くから，なぜだろうかと，違和感を覚えるのです。

2 つのグラフ　$y = f(x)$，$y = g(x)$ が，$x = t$ で接する必要十分条件は，定義から，「$f(t) = g(t)$ かつ　$f'(t) = g'(t)$」となることが理解できると思います。

これが，秘伝④です。

《解説》

まずは，秘伝の③ **接点なければ，文字で与えよ。**

そこで，接点を　$(t,\ t^2 + a)$　とおく。

$[f(t) = g(t)]$　⇒　$t^3 - t = t^2 + a$　………①

$[f'(t) = g'(t)]$　⇒　$3t^2 - 1 = 2t$　………②

②より　$(t - 1)(3t + 1) = 0$

よって，$t = 1$，$t = -\dfrac{1}{3}$

$t = 1$　のとき，①より　$a = -1$

$t = -\dfrac{1}{3}$　のとき，①より　$a = \dfrac{5}{27}$

求める a の値は，$a = -1$，$a = \dfrac{5}{27}$　となります。

【例題４】

xについての整式$f(x)$を$(x-a)^2$で割ったときの余りを，a，$f(a)$，$f'(a)$を用いて表せ。

《解説》

$f(x)$を$(x-a)^2$で割ったときの商を$Q(x)$とし，余りを$px+q$とすると，$f(x)=(x-a)^2Q(x)+px+q$　………①

となります。

ここで，数学Ⅲで学ぶ微分法の公式の中に，

$\{f(x)g(x)\}'=f'(x)g(x)+f(x)g'(x)$という，「積の導関数の公式」と呼ばれるものがあります。証明は，導関数の定義からできますが，大変有効な公式ですので，是非利用してください。

これを用いて，①の両辺をxで微分すると，

$f'(x)=\{(x-a)^2\}'Q(x)+(x-a)^2Q'(x)+p$

$=2(x-a)Q(x)+(x-a)^2Q'(x)+p$　………②

となります。

①，②の両辺にx=aを代入すると，それぞれ

$f(a)=pa+q$ ………③　　$f'(a)=p$　………④

となり，④から　$p=f'(a)$

したがって，③から　$q=f(a)-pa=f(a)-af'(a)$より，求める余りは，$xf'(a)+f(a)-af'(a)$　となります。

《発展》

$f(x)$ が $(x-a)^2$ で割り切れることは，この例題で求めた余りの

$xf'(a)+f(a)-af'(a)$ が恒等的に０になる

ということです。

$xf'(a)+f(a)-af'(a)=0$ が x についての恒等式となるための条件は，

$f'(a)=0$ かつ $f(a)-af'(a)=0$　ですから，これにより，

$f(a)=f'(a)=0$　が得られます。

このことから，

x の整式 $f(x)$ が $(x-a)^2$ で割り切れるための必要十分条件は，

$f(a)=f'(a)=0$

となります。これが，秘伝の⑥です。

このとき，方程式　$f(x)=0$ は　$(x-a)^2\mathrm{Q}(\mathrm{x})=0$　の形になるので，この条件は，方程式 $f(x)=0$ が $x=a$ を重解にもつ条件です。

この秘伝の⑥を利用した例題を取り上げてみます。

【例題５】

n を正の整数とするとき，

$f(x) = ax^{n+1} + bx^n + 1$ が，$(x-1)^2$ で割り切れるような，定数 a，b の値を求めよ。

《解説》

この問題は，秘伝⑥そのものですが，実際に商を $Q(x)$，余りを $px+q$ として恒等式をつくるのではなく，秘伝⑥を有効に利用してください。

$f(x) = ax^{n+1} + bx^n + 1$ より，

$f'(x) = (n+1)ax^n + nbx^{n-1}$

x の整式 $f(x)$ が $(x-1)^2$ で割り切れるための必要十分条件は

$f(1) = f'(1) = 0$ であるから，

$f(1) = 0$ より，$a + b + 1 = 0$　よって，$b = -a - 1$

$f'(1) = 0$ より，$(n+1)a + nb = 0$

これに，$b = -a - 1$ を代入して，

$(n+1)a + n(-a-1) = 0$

よって，$a = n$，　$b = -a - 1 = -n - 1$

以上により，$\underline{\underline{a = n,\quad b = -n - 1}}$

となります。

秘伝⑥は，いろいろなところで活躍します。

【例題６】

a は定数とする。$f(x) = x^3 + ax^2 + ax + 1$ が

$x = \alpha,\ \beta$ で極値をとるとき，

$f(\alpha) + f(\beta) = 2$ ならば $a =$ □である。

《解説１》

この問題は，出題頻度が高いので，是非マスターしてください。

２つの極値 $f(\alpha)$，$f(\beta)$ を実際に求めるのはかなりの計算が必要です。そこで，

$f(x) = x^3 + ax^2 + ax + 1$ が $x = \alpha,\ \beta$ で極値をとることから，$\alpha,\ \beta$ は２次方程式 $f'(x) = 0$ の解であるので，これを用いてこの問題を処理することになります。

$x = \alpha,\ x = \beta$　で極値　⇔　$f'(x) = 0$ の２解が $\alpha,\ \beta$

しかし，決して忘れてはならない条件があります。

それは，$f'(x) = 0$ の２解 $\alpha,\ \beta$ が，異なる実数であるということです。すなわち，判別式を D とすると，$D > 0$　を最初におさえておかなければなりません。

ポイントは，$D > 0$，解と係数の関係の利用です。

実際に，この問題を解いていきます。

$f'(x) = 3x^2 + 2ax + a$ となり，

$f(x)$ は $x = \alpha,\ x = \beta$　で極値をとることから，

$3x^2 + 2ax + a = 0$　……①は，異なる２つの実数解 $\alpha,\ \beta$ をもつ。

したがって，まず，①の判別式を D とすると　$D > 0$　をおさえます。

$\frac{D}{4} = a^2 - 3a = a\ (a - 3) > 0$ より，$a < 0$，$3 < a$ ……②

また，①において，解と係数の関係より

$\alpha + \beta = -\frac{2}{3}a$，$\alpha\beta = \frac{1}{3}a$

これをおさえてから，$f(\alpha) + f(\beta)$ を計算していきます。

$f(\alpha) + f(\beta) = (\alpha^3 + \beta^3) + a(\alpha^2 + \beta^2) + a(\alpha + \beta) + 2$

$= (\alpha + \beta)^3 - 3\alpha\beta(\alpha + \beta) + a\{(\alpha + \beta)^2 - 2\alpha\beta\} + a(\alpha + \beta) + 2$

これに，$\alpha + \beta = -\frac{2}{3}a$，$\alpha\beta = \frac{1}{3}a$ を代入すると，

$f(\alpha) + f(\beta) = \frac{4}{27}a^3 - \frac{2}{3}a^2 + 2$ となります。

$f(\alpha) + f(\beta) = 2$ より，$\frac{4}{27}a^3 - \frac{2}{3}a^2 + 2 = 2$

したがって，$2a^3 - 9a^2 = 0$ より，$a = 0$，$a = \frac{9}{2}$

②より，$a = 0$ は不適になり，$a = \frac{9}{2}$ となります。

《解説２》

ここで，秘伝の⑤を使った解法を示してみます。

この問題では，$f(x)$ は $x = \alpha$，$x = \beta$ で極値をとることから，

$f'(x) = 3x^2 + 2ax + a = 0$ は，異なる２つの実数解 α，β をもつので，判別式を D とすると

$\frac{D}{4} = a^2 - 3a = a(a - 3) > 0$ より，$a < 0$，$3 < a$ をおさえます。その条件のもとで，秘伝⑤により，

$y = ax^3 + bx^2 + cx + d\ (a \neq 0)$ のグラフは，

$\left(-\dfrac{b}{3a},\ f\left(-\dfrac{b}{3a}\right)\right)$ が変曲点で，グラフはこの点に関して，点対称になっています。

変曲点の x 座標は，$-\dfrac{a}{3\cdot 1}=-\dfrac{a}{3}$　です。

この，$-\dfrac{b}{3a}$　を忘れても，$f''(x)=6x+2a=0$　より，

$x=-\dfrac{a}{3}$　はすぐに求まります。

変曲点の y 座標は，極大値と極小値の y 座標の中点になっています。

よって，変曲点の y 座標は，$\dfrac{f(\alpha)+f(\beta)}{2}=\dfrac{2}{2}=1$　となります。

したがって，変曲点 $\left(-\dfrac{a}{3},\ 1\right)$　が，

$y=x^3+ax^2+ax+1$　上の点より，

$$1=\left(-\frac{a}{3}\right)^3+a\left(-\frac{a}{3}\right)^2+a\left(-\frac{a}{3}\right)+1$$

これを解くと，

$a=0,\ a=\dfrac{9}{2}$　となりますが，$a<0,\ 3<a$　より，

$a=\dfrac{9}{2}$　となります。

【例題７】

n が正の整数で，$a>0$，$b>0$ のとき，次の不等式を証明せよ。

$$2^{n-1}(a^n+b^n) \geqq (a+b)^n$$

不等式の証明には，大きく分類すると，次の４つを使います。

① 因数分解　　（⊕）（⊕）（⊕）＞０　など

② 正値式の和　（⊕）＋（⊕）＋（⊕）＞０　など

③ 特殊不等式（相加・相乗平均の関係，コーシー・シュワルツの不等式　など）

④ 関数のグラフ利用⇒差をとり，文字の中の１つを x と置く。これが，秘伝の⑦です。

教科書の $f'(x)$ の定義の説明は，次のようになっています。

「a の値を変えると $f'(a)$ の値も変わる。すなわち a を変数とみなすと，$f'(a)$ は a の関数になる。a を x に置き換えて得られる関数 $f'(x)$ を $f(x)$ の導関数という。」というものです。

これが，秘伝の⑦になります。

「差をとり，文字の中の１つを x と置く」のですが，この問題では，a を x と置いて，関数のグラフを利用します。

《解説》

$f(x) = 2^{n-1}(x^n + b^n) - (x+b)^n$ $(x > 0)$ と置く。

(i) $n = 1$ のとき，$f(x) = 0$

(ii) $n \geqq 2$ のとき，$f'(x) = 2^{n-1} \cdot nx^{n-1} - n(x+b)^{n-1}$

$f'(x) = 0$ となる x の値を求めると，

$(2x)^{n-1} = (x+b)^{n-1}$ から，

$x > 0$，$b > 0$　より

$2x = x + b$　よって，$x = b$　となる。

ここで，増減表とグラフを書きます。

x	0	$\cdots$	b	$\cdots$
$f'(x)$		$-$	0	$+$
$f(x)$		↘	極小 0	↗

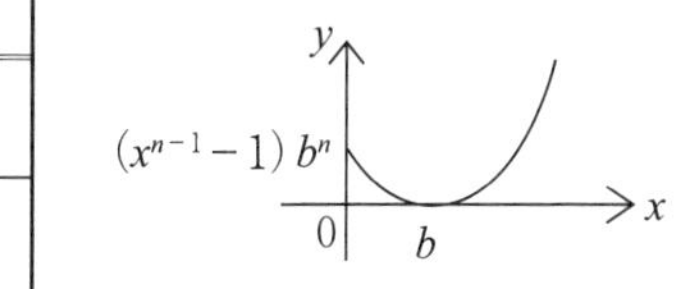

このことから，$f(x)$ の最小値は，$f(b)$ となり，

$f(b) = 2^{n-1} \cdot 2b^n - (2b)^n = 0$ となります。

よって，$x > 0$　のとき，常に $f(x) \geqq 0$ が示されました。

等号は，$n = 1$ または $x = b$ のときに成り立ちます。

とくに，$x = a$ (> 0)　のとき，$f(a) \geqq 0$ となりますから，

$2^{n-1}(a^n + b^n) \geqq (a+b)^n$ が証明されました。

等号は，$n = 1$ または　$b = a$　のときに成り立ちます。

解説が少し分かりにくかったかもしれませんが，この問題のように，関数のグラフを利用して，不等式の証明ができることも知っておいてください。

第７章 積分法の秘伝

高等学校における「積分法」は，計算法としての積分が主となっており，積分本来の概念が展開されていません。

定積分を学習すると，まず微分の逆の演算として不定積分の概念と記号が導入され，$f(x)$ の原始関数の１つを $F(x)$ として，

$\int_a^b f(x)\,dx$ が，$F(b) - F(a)$ として定義されます。なぜこのように定義するのかが意味不明のまま学習が展開されていきます。

歴史的には，積分は求積法として発展してきたもので，その歴史は微分よりずっと古いものです。

したがって，大学では，定積分とは面積であるというところから出発して，逆微分で計算できるのだということを学ぶのですが，微分法と同じように，結論は間違っていませんから，高校で理解可能な説明に付き合ってください。

大学入試問題で，面積が中心になる背景を分かってもらうために，少し説明しました。

この章からは，先に「秘伝」をまとめて記載するよりも，例題とともに，説明していく方が分かりやすいので，「秘伝」は，その都度示していきます。各章の最後に「秘伝」をまとめておきます。

最初に，秘伝①として，

$\frac{1}{a}\cdot\frac{1}{n+1}\cdot(ax+b)^{n+1}$ を x で微分すると，$(ax+b)^n$ になりますので，次の公式は使えるようになってください。

$$\int(ax+b)^n dx=\frac{1}{a}\cdot\frac{1}{n+1}\cdot(ax+b)^{n+1}+C$$（C は積分定数）

【例題１】

定積分 $\int_{-1}^{\frac{3}{2}} x|x-1|dx$ の値を求めよ。

《解説》

この問題のように，$y = x|x-1|$ などの，絶対値を含む関数の定積分を求めるのに，求める関数全体のグラフを書く必要はありません。

つまり，定積分の値を求めるだけなので，面積として計算する必要はありません。

絶対値さえはずせば，普通に計算できます。

それには，絶対値の中身のグラフを書けばよいことになります。この場合は，$x-1$ の符号が分かれば，絶対値ははずせます。

$x = 1$ で⊖から⊕になりますので，$-1 \leqq x \leqq 1$ のとき　$-(x-1)$

$1 \leqq x \leqq \frac{3}{2}$　のとき　$(x-1)$　です。

$$\int_{-1}^{\frac{3}{2}} x\,|x-1|\,dx = -\int_{-1}^{1} x(x-1)\,dx + \int_{1}^{\frac{3}{2}} x(x-1)\,dx = -\frac{1}{2}$$

となります。

【例題２】

３次関数 $f(x)$ が

$f(0)=1$, $\displaystyle\int_{-2}^{0} f'(x)\,dx=\frac{2}{3}$, $\displaystyle\int_{-2}^{1} f'(x)\,dx=\frac{3}{2}$

を満たしている。このとき，f(1)= □である。

《解説》

$f(x)=ax^3+bx^2+cx+d\ (a\neq 0)$ とすると，大変な計算になります。

これは，積分の定義が分かっているかを問う問題です。

$F(x)$ が $f(x)$ の原始関数（すなわち，$F'(x)=f(x)$ ）のとき，

$\displaystyle\int_{a}^{b} f(x)\,dx=F(b)-F(a)$ です。同様にして，

$f(x)$ が $f'(x)$ の原始関数ですから，$\displaystyle\int f'(x)\,dx=f(x)+C$（$C$ は積分定数）となり，

$\displaystyle\int_{a}^{b} f'(x)\,dx=f(b)-f(a)$ が分かれば，解決します。

これを，秘伝②とします。

$$\int_{-2}^{0} f'(x)\,dx=f(0)-f(-2)=\frac{2}{3}$$

$$\int_{-2}^{1} f'(x)\,dx=f(1)-f(-2)=\frac{3}{2}$$

よって，$f(0)=1$ より，

$$f(1)=\{f(1)-f(-2)\}-\{f(0)-f(-2)\}+f(0)=\frac{11}{6}$$

となります。

【例題３】

aを正の実数とし，２つの放物線

$C_1 : y = x^2$,　$C_2 : y = x^2 - 4ax + 4a$　を考える。

C_1とC_2の両方に接する直線と，C_1とC_2で囲まれた図形の面積を求めよ。

《解説》

この問題のような，共通接線の処理の仕方は２つあります。

これが，「秘伝③」です。

(1) C_1の$x = t$における接線を求め，それがC_2に接することから，重解条件でtを求める。

(2) 共通接線を$y = mx + n$と置き，重解条件２つから，m，nの連立方程式を作って求める。

解きやすい(1)でやってみます。解法の流れは次のようになります。

［C_1の接線］ ⇒ ［C_2と連立］ ⇒ ［重解　$D = 0$］

ここでも，「接点は文字で与えよ。」からスタートします。

［C_1の接線］

接点を（t, t^2）と置く。$y = x^2$のとき，$y' = 2x$　より，

$x = t$におけるC_1の接線の方程式は，

$y = 2t(x - t) + t^2$　より，$y = 2tx - t^2$　……①

［C_2と連立］

これが，C_2に接するための条件は，連立させて，

$x^2 - 4ax + 4a = 2tx - t^2$　より，

$x^2-2(2a+t)x+(4a+t^2)=0$……②

重解　$D=0$

判別式をDとすると，

$\frac{D}{4}=(2a+t)^2-(4a+t^2)=0$より，

$4a^2+4at-4a=0$　よって，$4a\{t-(1-a)\}=0$

$a\neq 0$　より，$t=1-a$

これを①に代入して，C_1とC_2の両方に接する直線の方程式は，

$y=2(1-a)x-(1-a)^2$　　……③

となります。

C_1と③は，$x=1-a$　で接します。

また，C_2と③の接点のx座標は②の重解であり，②の1次の係数は，$t=1-a$を代入して，$-2(1+a)$であるから，C_2と③は$x=1+a$で接します。

さらに，C_1とC_2の交点のx座標は，

$x^2=x^2-4ax+4a$の解なので，$4ax=4a$より，$x=1$

したがって，求める面積は，

$$\int_{1-a}^{1}\{x-(1-a)\}^2dx+\int_{1}^{1+a}\{x-(1+a)\}^2dx$$

$=\frac{2}{3}a^3$となります。

【例題４】

曲線$y = f(x) = x^4 - 2x^3 - 3x^2 + 5x + 5$　の上の異なる２点

$(\alpha, f(\alpha))$，$(\beta, f(\beta))$　$(\alpha < \beta)$ において，

$y = g(x) = ax + b$がこの曲線に接するとする。このとき，

$\alpha =$□，$\beta =$□，$a =$□，$b =$□である。

また，曲線$y = f(x)$と直線$y = g(x)$で囲まれた図形の面積をSとすると，$S =$□である。

《解説》

「秘伝④」は，４次関数の複接線（２点で接する直線）は，[重解で処理]となります。解法の流れは，

４次関数$y = f(x)$に，直線$y = g(x)$が，$x = \alpha$，$x = \beta$で接する

$\Rightarrow f(x) = g(x)$が　$x = \alpha$，$x = \beta$を重解にもつ

$\Rightarrow f(x) - g(x) = A(x - \alpha)^2(x - \beta)^2$（$A$は$f(x)$の４次の係数）

$\Rightarrow$ 各辺の係数比較 $\Rightarrow \alpha$，β，$g(x)$ を求める

具体的に，この問題で「秘伝④」を使ってみます。

$y = f(x)$と$y = g(x)$は　$x = \alpha$，$x = \beta$で接するから，

４次方程式　$f(x) = g(x)$は　$x = \alpha$，$x = \beta$　を重解にもつ。

$f(x)$の４次の係数は，１より

$f(x) - g(x) = (x - \alpha)^2(x - \beta)^2$

右辺は，$\{(x - \alpha)(x - \beta)\}^2 = \{x^2 - (\alpha + \beta)x + \alpha\beta\}^2$より，

$x^4 - 2x^3 - 3x^2 + (5 - a)x + (5 - b)$

$=x^4-2(\alpha+\beta)x^3+\{(\alpha+\beta)^2+2\alpha\beta\}x^2-2\alpha\beta(\alpha+\beta)x+(\alpha\beta)^2$

よって，$-2=-2(\alpha+\beta)$，$-3=(\alpha+\beta)^2+2\alpha\beta$

$5-a=-2\alpha\beta(\alpha+\beta)$，$5-b=(\alpha\beta)^2$

第１式から，$(\alpha+\beta)=1$　　　……①

これと第２式から，$\alpha\beta=-2$　　……②

①と②より $\underline{\underline{\alpha=-1,\ \beta=2}}$

また，①と②を残りの２式に代入して，$\underline{\underline{a=1}}$，$\underline{\underline{b=1}}$

このとき，

$$
\begin{aligned}
f(x)-g(x) &= (x+1)^2(x-2)^2 \\
&= (x+1)^2\{(x+1)-3\}^2 \\
&= (x+1)^4-6(x+1)^3+9(x+1)^2
\end{aligned}
$$

したがって，求める面積Sは，

$$S=\int_{-1}^{2}\{f(x)-g(x)\}\,dx=\frac{81}{10}$$ となります。

【例題５】

次の２曲線の囲む部分の面積を求めよ。

$y = -x^3 + 6x$，$y = 2x^2 + 3x$

《解説》

２つの曲線の囲む部分の面積を求める場合，２つのグラフをかいて，グラフの上下関係をおさえることになりますが，この問題のようにグラフの上下がすぐには判断できないときに，どうすればよいかを説明します。

実際に，$y = -x^3 + 6x$ を微分して，増減表を作ってグラフをかき，$y = 2x^2 + 3x$ を平方完成して，頂点を求めてグラフをかいても，２つのグラフの上下を確認するのに，相当な時間と労力が必要となります。

具体的に分かりたいのは，曲線の上下関係と交点の x 座標です。

$y = -x^3 + 6x$ ……①

$y = 2x^2 + 3x$ ……②

とおき，①と②の大小関係をおさえさえすればよいのです。

まず，①－②≧０となる x の範囲を求めると，①≧②よりその範囲で①が②より上になり，交点も同時に求まります。

①と②の差をとって，

$(-x^3 + 6x) - (2x^2 + 3x) = -x(x + 3)(x - 1)$

少し荒っぽいのですが，イメージは次のようになります。

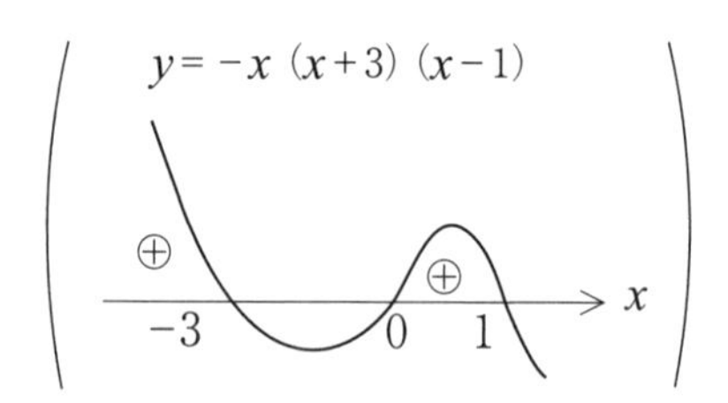

①≧②となる x の範囲は，$x \leqq -3$，$0 \leqq x \leqq 1$

これで，２つのグラフの上下関係は右図のようになっていることが分かります。

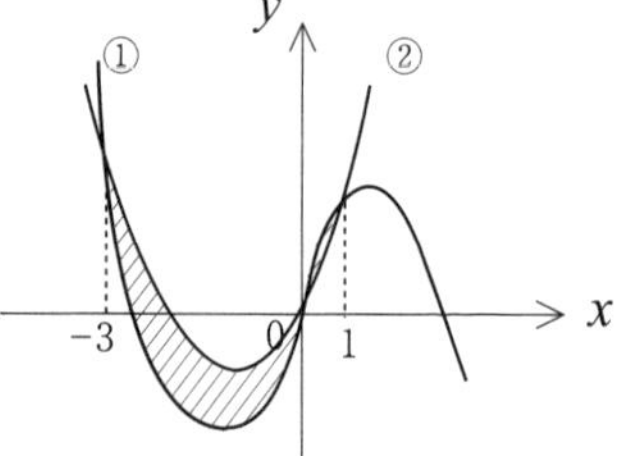

したがって，求める面積は，

$$\int_{-3}^{0} \{(2x^2 + 3x) - (-x^3 + 6x)\}\,dx$$

$$+ \int_{0}^{1} \{(-x^3 + 6x) - (2x^2 + 3x)\}\,dx = \frac{45}{4} + \frac{7}{12}$$

$$= \underline{\underline{\frac{71}{6}}}$$ となります。

２曲線の上下関係は,２つの差の不等式を解くと,交点も同時に求まる。これが「秘伝の⑤」です。

【例題６】

$y = x^3 - 6x^2 + 9x$……①のグラフと，直線　$y = mx$……②が異なる３点で交わっているとき，①と②で囲まれる２つの部分の面積が等しくなる m の値を求めよ。

《解説》

これは，微分法の秘伝の⑤を使うことになります。

３次関数のグラフは，変曲点に関して点対称になっています。

$y = x^3 - 6x^2 + 9x$　より

$y' = 3x^2 - 12x + 9$

$y'' = 6x - 12$

$y'' = 0$　より　$x = 2$

これを，①に代入して，$y = 2^3 - 6 \cdot 2^2 + 9 \cdot 2 = 2$

よって，①の変曲点は（2，2）

３次関数のグラフの対称性より，この変曲点を，直線 $y = mx$ が通るとき，①と②で囲まれる２つの部分の面積が等しくなる。

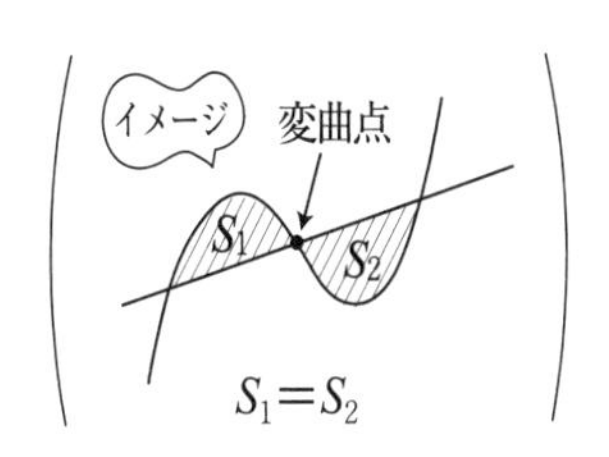

②が，（2，2）を通る m の値は，

$2 = m \cdot 2$　より，$\underline{\underline{m = 1}}$

大学入試問題を解く場合，数学Ⅲの内容を用いて解いても，減点されませんので，安心して使ってください。

ここで，「秘伝の⑥」として，$\frac{1}{6}$公式と$\frac{1}{12}$公式を説明します。

$$\int_{\alpha}^{\beta}(x-\alpha)(x-\beta)\,dx=-\frac{1}{6}(\beta-\alpha)^3$$
$$\int_{\alpha}^{\beta}(x-\alpha)^2(x-\beta)\,dx=-\frac{1}{12}(\beta-\alpha)^4$$

実際の大学入試では，式変形をして使ってください。

$$\int_{\alpha}^{\beta}(x-\alpha)(x-\beta)\,dx=\int_{\alpha}^{\beta}(x-\alpha)\{(x-\alpha)-(\beta-\alpha)\}\,dx$$
$$=\int_{\alpha}^{\beta}\{(x-\alpha)^2-(\beta-\alpha)(x-\alpha)\}\,dx$$
$$=\left[\frac{1}{3}(x-\alpha)^3-\frac{1}{2}(\beta-\alpha)(x-\alpha)^2\right]_{\alpha}^{\beta}$$
$$=\frac{1}{3}(\beta-\alpha)^3-\frac{1}{2}(\beta-\alpha)^3=-\frac{1}{6}(\beta-\alpha)^3$$
$$\int_{\alpha}^{\beta}(x-\alpha)^2(x-\beta)\,dx=\int_{\alpha}^{\beta}(x-\alpha)^2\{(x-\alpha)-(\beta-\alpha)\}\,dx$$
$$=\int_{\alpha}^{\beta}(x-\alpha)^3dx-(\beta-\alpha)\int_{\alpha}^{\beta}(x-\alpha)^2dx$$
$$=\left[\frac{1}{4}(x-\alpha)^4\right]_{\alpha}^{\beta}-(\beta-\alpha)\left[\frac{1}{3}(x-\alpha)^3\right]_{\alpha}^{\beta}$$
$$=\frac{1}{4}(\beta-\alpha)^4-(\beta-\alpha)\cdot\frac{1}{3}(\beta-\alpha)^3=-\frac{1}{12}(\beta-\alpha)^4$$

実際には，圧倒的に$\frac{1}{6}$公式が使われますので，例題では，これを使った問題を解いておきます。

【例題7】

放物線　$y = x^2 + 12$ と，放物線 $y = -x^2 - 10x$ で囲まれた部分の面積を求めよ。

《解説》

このような問題では，交点の x 座標さえ求めればOKです。

$x^2 + 12 = -x^2 - 10x$　より　$2x^2 + 10x + 12 = 0$

$x^2 + 5x + 6 = 0$

$(x+2)(x+3) = 0$　から　$x = -2,\quad x = -3$

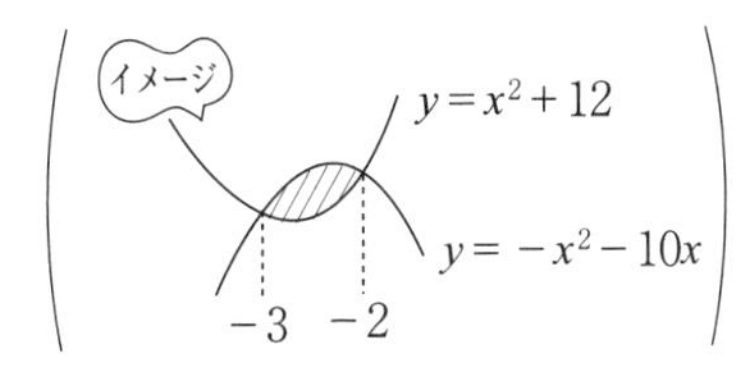

よって，求める面積は，

$$\int_{-3}^{-2} \{(-x^2 - 10x) - (x^2 + 12)\}\,dx$$

$$= \int_{-3}^{-2} (-2x^2 - 10x - 12)\,dx = -\int_{-3}^{-2} (2x^2 + 10x + 12)\,dx$$

$$= -2\int_{-3}^{-2} (x^2 + 5x + 6)\,dx = -2\int_{-3}^{-2} (x+2)(x+3)\,dx$$

$$= -2\int_{-3}^{-2} \{x - (-2)\}\{x - (-3)\}\,dx$$ （ここで，$\frac{1}{6}$公式を使います。）

$$= -2 \cdot -\frac{1}{6}\{(-2) - (-3)\}^3 = 2 \cdot \frac{1}{6} \cdot 1 = \underline{\underline{\frac{1}{3}}}$$

【例題 8】

放物線　$y = -x^2 + 6x$　と x 軸によって囲まれた部分の面積を，直線 $y = ax$ が二等分するとき，定数 a の値を求めよ。

《解説》

$y = -x^2 + 6x = -x(x-6)$ のグラフは，下記のようになるので，これと x 軸によって囲まれた部分の面積は，（$\frac{1}{6}$公式を使って）

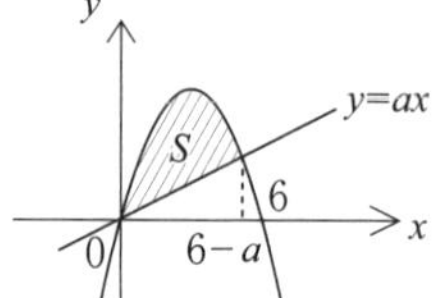

$$\int_0^6 \{-x(x-6)\}\,dx$$

$$= -\int_0^6 (x-0)(x-6)\,dx = -\left\{-\frac{1}{6}(6-0)\right\}^3 = 36$$

これが，右上図の S の 2 倍とすると，面倒な分割をしなくてすみます。

放物線　$y = -x^2 + 6x$　と直線　$y = ax$ の交点の x 座標を求めると，

$-x^2 + 6x = ax$　より　$x\{x-(6-a)\} = 0$

よって，$x = 0$，$x = 6 - a$

ここで，十分注意しておきたいのは，

$0 < 6 - a < 6$　より　$0 < a < 6$……①

をおさえておくことです。求まった a の値でこの範囲にあるものが解となります。

放物線と直線　$y = ax$ によって囲まれる部分の面積 S は，

$$S = \int_0^{6-a} \{(-x^2 + 6x) - ax\}\,dx$$

$= -\int_0^{6-a} x\{x-(6-a)\}\,dx$

$= -\int_0^{6-a} (x-0)\{x-(6-a)\}\,dx$

$= \frac{1}{6}(6-a)^3$　　（ここで$\frac{1}{6}$公式を使います。）

これが，先ほど求めた放物線と x 軸によって囲まれた部分の面積 36 の$\frac{1}{2}$となります。

よって，$\frac{1}{6}(6-a)^3 = \frac{1}{2} \cdot 36$

これを解くと，$a = 6 - 3\sqrt[3]{4}$　となり，これは①を満たしています。

したがって，$\underline{\underline{a = 6 - 3\sqrt[3]{4}}}$

次の【例題 9】で，典型的な大学入試問題を取りあげてみます。ぜひマスターしてください。

【例題９】

点Ａ（1，2）を通り，傾きmの直線をℓとする。

直線ℓと放物線$y = x^2$で囲まれる部分の面積Sが最小となるような定数mの値と，そのときの面積Sの最小値を求めよ。

《解説》

もう分ってきたと思いますが，放物線と放物線で囲まれた部分の面積と，放物線と直線で囲まれた部分の面積は，$\dfrac{1}{6}$公式を使います。これを，「秘伝の⑦」とします。

もちろん，この問題でも，「秘伝の⑦」は活躍します。

直線ℓの方程式は，

$y = m(x-1)+2$　……①

①と放物線$y = x^2$の交点のx座標は，

$x^2 = m(x-1)+2$

すなわち，

$x^2 - mx + m - 2 = 0$　……②の解である。

判別式をDとすると，

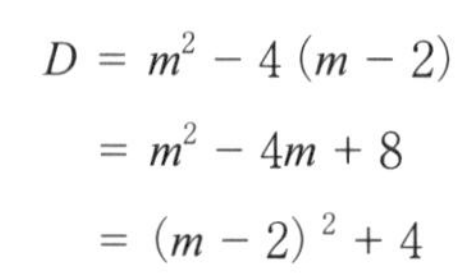

$$
\begin{aligned}
D &= m^2 - 4(m-2) \\
&= m^2 - 4m + 8 \\
&= (m-2)^2 + 4
\end{aligned}
$$

となり，$D > 0$より，②は異なる２つの実数解を持ちます。

それをα，β（$\alpha < \beta$）とおくと，解との関係が登場します。

$\alpha + \beta = m$，$\alpha\beta = m - 2$　……③

そこで，求める面積Sは，

$$S=\int_{\alpha}^{\beta}\{m(x-1)+2-x^2\}dx$$
$$=-\int_{\alpha}^{\beta}(x^2-mx+m-2)dx$$
$$=-\int_{\alpha}^{\beta}(x-\alpha)(x-\beta)dx$$
$$=\frac{1}{6}(\beta-\alpha)^3$$

よって，Sの最小値は，$\beta-\alpha$が最小のときにとるから，まず，$\beta-\alpha$の最小値を求めます。

そこで③があるので，$(\beta-\alpha)^2$の最小からスタートします。

$$(\beta-\alpha)^2=(\alpha+\beta)^2-4\alpha\beta=m^2-4(m-2)$$
$$=m^2-4m+8=(m-2)^2+4$$

$\beta-\alpha>0$　より，$\beta-\alpha$は$m=2$のとき

最小値　$\sqrt{4}=2$　をとる。

以上により，Sは$\underline{\underline{m=2}}$のとき

最小値　$\frac{1}{6}\cdot 2^3=\underline{\underline{\frac{4}{3}}}$　となります。

ここで，**積分法の秘伝**をまとめておきます。

① $\displaystyle\int (ax+b)^n dx = \frac{1}{a}\cdot\frac{1}{n+1}\cdot(ax+b)^{n+1}+C$（$C$は積分定数）

② $\displaystyle\int_a^b f'(x)\,dx = f(b)-f(a)$

③ 共通接線の処理の仕方

(1) C_1の$x=t$における接線を求め，それがC_2に接することから，重解条件でtを求める。

(2) 共通接線を$y=mx+n$と置き，重解条件２つから，m，nの連立方程式を作って求める。

④ ４次関数の複接線（２点で接する直線）は，［重解で処理］

４次関数$y=f(x)$に，直線$y=g(x)$が，$x=\alpha$，$x=\beta$　で接する

$\Rightarrow$ $f(x)=g(x)$が　$x=\alpha$，$x=\beta$　を重解にもつ

$\Rightarrow$ $f(x)-g(x)=A(x-\alpha)^2(x-\beta)^2$（$A$は$f(x)$の４次の係数）

$\Rightarrow$ 各辺の係数比較　$\Rightarrow$　α，β，$g(x)$を求める

⑤ ２曲線の上下関係は，２つの差の不等式を解くと，交点のx座標も求まる。

⑥ $\displaystyle\int_{\alpha}^{\beta}(x-\alpha)(x-\beta)\,dx=-\frac{1}{6}(\beta-\alpha)^{3}$　「$\dfrac{1}{6}$公式」

$\displaystyle\int_{\alpha}^{\beta}(x-\alpha)^{2}(x-\beta)\,dx=-\frac{1}{12}(\beta-\alpha)^{4}$　「$\dfrac{1}{12}$公式」

⑦ 放物線と放物線で囲まれた部分の面積と，放物線と直線で囲まれた部分の面積は，「$\dfrac{1}{6}$公式」が使える。

第8章 図形と計量の秘伝

この章では，図形の線分の長さや面積などを，三角比を用いて求める解法についての秘伝を説明します。「ユークリッド幾何学」が紀元前3世紀，三角比は紀元前2世紀に，ギリシャの数学者によって初めてまとめられたものです。

次の9章と共に，紀元前に完成された数学が，今なお世界の中学・高校で学習していることはそれだけ必要なものだからです。

内容は「正弦定理」と「余弦定理」が中心になります。「図形と計量」の秘伝は，最初にまとめて示すと，わかりにくいので，それぞれの説明の中で示していきます。

求めたいものを含めて，正弦定理は「2辺2角の公式」，余弦定理は「3辺1角の公式」といわれます。

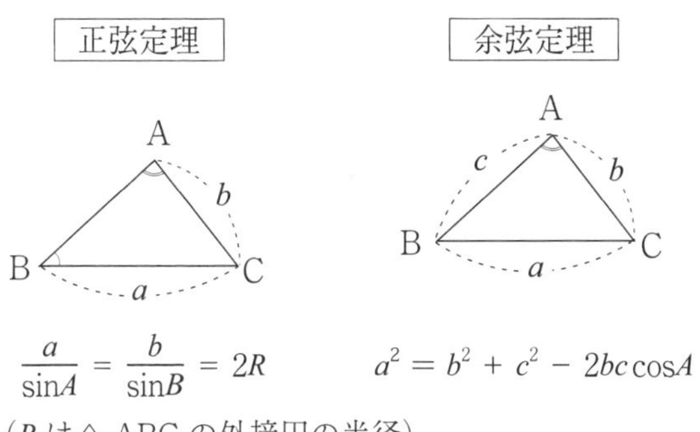

なお，正弦定理からすぐに導ける

$\sin A : \sin B : \sin C = a : b : c$ も重要です。

ここで，**秘伝①**を示します。

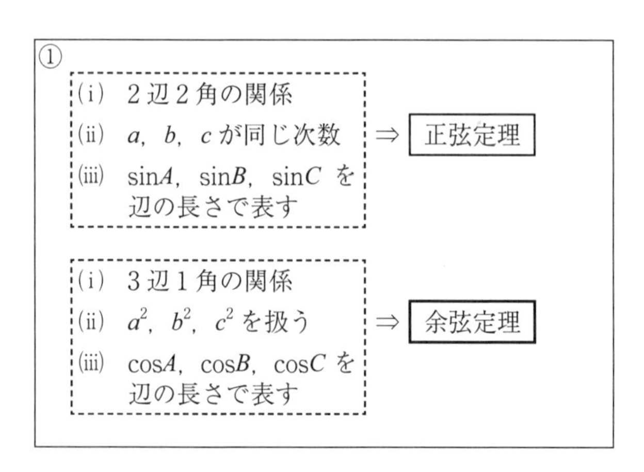

ここで，中学校で学習した三角形の決定条件から，辺3つ，角3つのうちの3つが与えられたとき，残りを求める解法をまとめておきます。

〔1〕3辺〔a，b，c から A，B，C を求める〕

$$\cos A = \frac{b^2 + c^2 - a^2}{2bc} \quad \Rightarrow \quad A$$

$$\cos B = \frac{c^2 + a^2 - b^2}{2ca} \quad \Rightarrow \quad B$$

$$A + B + C = 180^\circ \quad \Rightarrow \quad C$$

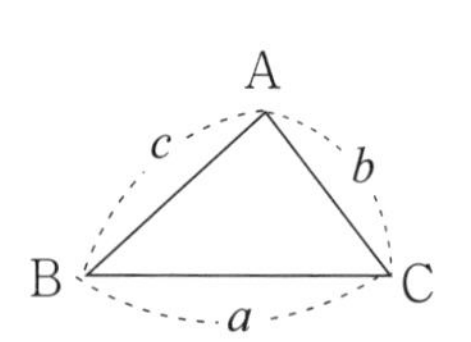

〔2〕２辺とその間の角〔b, c, A から，a, B, C を求める〕

$$a^2 = b^2 + c^2 - 2bc\cos A \quad \Rightarrow \quad a$$

$$\cos B = \frac{c^2 + a^2 - b^2}{2ca} \quad \Rightarrow \quad B$$

$$\mathrm{A} + \mathrm{B} + \mathrm{C} = 180° \quad \Rightarrow \quad C$$

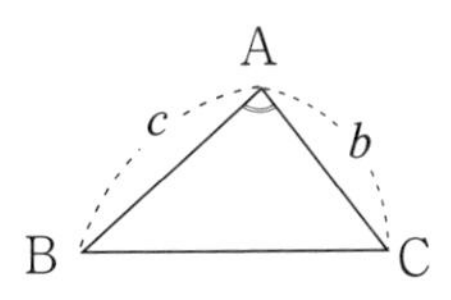

〔3〕１辺とその両端の角〔a, B, C から b, c, A を求める〕

$$A + B + C = 180° \quad \Rightarrow \quad A$$

$$\frac{a}{\sin A} = \frac{b}{\sin B} = \frac{c}{\sin C} \quad \Rightarrow \quad b,\ c$$

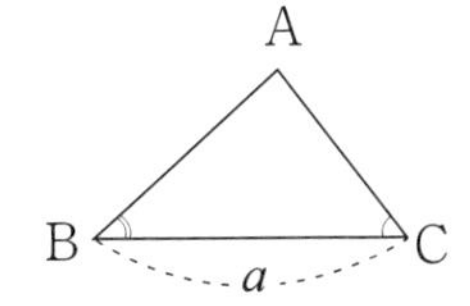

ところが，この３つにあてはまらないものが，次の【例題1】です。

【例題 1】

△ABCにおいて, $a = \sqrt{2}$, $b = 2$, $A = 30°$ のとき, c, B, C を求めよ。

《解説》

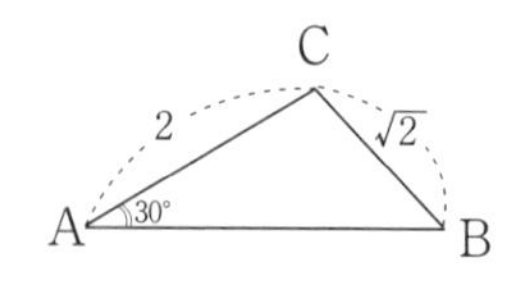

一応, 図を書いてみますが, 図はこの1つだけではありません。すなわち, 三角形の決定条件にならず, 三角形が1つに決定されないのです。

c は, 3辺1角の関係より余弦定理を用いて,

$(\sqrt{2})^2 = 2^2 + c^2 - 2 \cdot 2 \cdot c \cdot \cos 30°$

したがって, $c^2 - 2\sqrt{3}c + 2 = 0$

$$c = \sqrt{3} \pm 1$$

(i) $c = \sqrt{3} + 1$ のとき

$$\cos B = \frac{(\sqrt{3}+1)^2 + (\sqrt{2})^2 - 2^2}{2(\sqrt{3}+1) \cdot \sqrt{2}} = \frac{1}{\sqrt{2}} \quad より$$

$B = 45°$　　$A + B + C = 180°$ より　$C = 105°$

(ii) $c = \sqrt{3} - 1$ のとき

$$\cos B = \frac{(\sqrt{3}-1)^2 + (\sqrt{2})^2 - 2^2}{2(\sqrt{3}-1) \cdot \sqrt{2}} = -\frac{1}{\sqrt{2}} \quad より$$

$B = 135°$　　$A + B + C = 180°$ より　$C = 15°$

となります。

図は次の２つとなります。

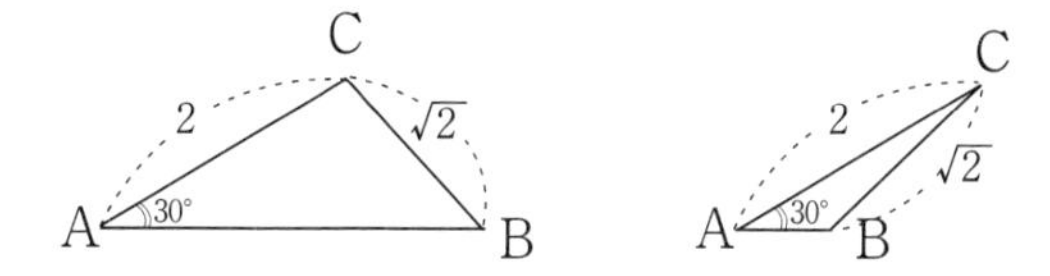

つまり，三角形は１つには決定されません。

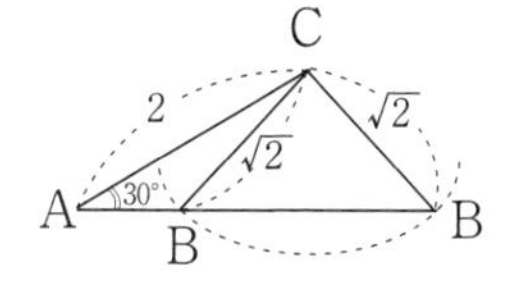

【例題２】

円に内接する四角形 ABCD は AB ＝ 2，BC ＝ 3，CD ＝ 1，∠ ABC ＝ 60° を満たすとする。

このとき∠ CDA，AC，AD，BD を求めよ。

《解説》

この問題は，代表的なセンター試験の問題です。覚えるまで繰り返し練習してください。

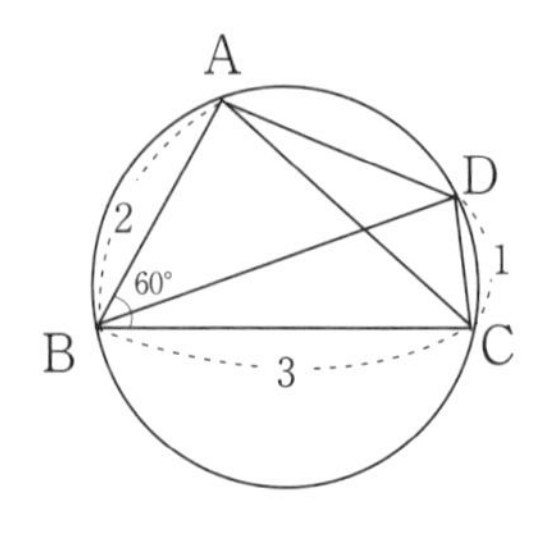

∠ CDA は，内接四角形の∠ ABC の対角なので，

∠ CDA ＝ 180° − ∠ ABC

＝ 180° − 60° ＝ 120°

AC は，△ ABC において，秘伝①の(i) 3 辺 1 角より余弦定理を用いて，

$AC^2 = 2^2 + 3^2 - 2 \cdot 2 \cdot 3 \cdot \cos 60° = 7$

AC ＞ 0 より　$AC = \sqrt{7}$

AD は，△ ACD において，3 辺 1 角より（秘伝①(i)）

余弦定理を用いて，AD ＝ x とおくと

$(\sqrt{7})^2 = x^2 + 1^2 - 2 \cdot x \cdot 1 \cdot \cos 120°$

よって，$x^2 + x - 6 = 0$ より　$(x + 3)(x - 2) = 0$

$x > 0$ よろ　$x = 2$ から　AD ＝ 2

最後のBDが，この問題の求めたいものです。

この解法の流れは，△ABDと△CDBに，それぞれ余弦定理を適用し，BD^2を２通りに表し，BDと$\cos A$の連立方程式を解くことで求まります。

やってみますと，$\angle BAD=\theta$とおくと，

$\angle BCD=180°-\theta$

△ABDにおいて，余弦定理より

$BD^2=2^2+2^2-2\cdot2\cdot2\cdot\cos\theta=8-8\cos\theta$ ……①

△CDBにおいて，余弦定理より

$BD^2=3^2+1^2-2\cdot3\cdot1\cdot\cos(180°-\theta)$

$=10+6\cos\theta$ ……②

①，②より　$8-8\cos\theta=10+6\cos\theta$

よって，$\cos\theta=\frac{1}{7}$

①に代入して　$BD^2=8-8\left(-\frac{1}{7}\right)=\frac{64}{7}$

よって，$BD=\frac{8\sqrt{7}}{7}$　となります。

BDを求めるのに，教科書の[数学A]の図形の性質のところで演習問題等で必ず記載されている「トレミーの定理」を利用してみます。

「トレミーの定理」とは，円に内接する四角形ABCDにおいて，

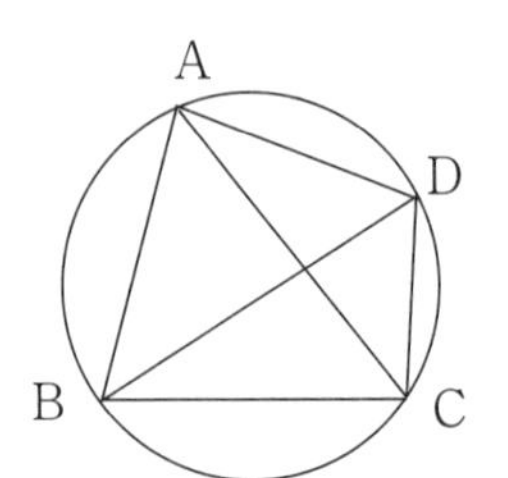

$$AB \cdot CD + AD \cdot BC = AC \cdot BD$$

が成り立つことで，対辺の積の和が対角線の積に等しくなります。

この証明は，三角形の相似を利用するか，この［例題2］のように，余弦定理でBD^2を2通りに表して，$\cos\theta$を消去することになります。

この**「トレミーの定理」が、秘伝②**となります。

【例題2】のBDを求める別解としてやってみます。

トレミーの定理より

$AB \cdot CD + AD \cdot BC = AC \cdot BD$となるから，

$2 \cdot 1 + 2 \cdot 3 = \sqrt{7} \cdot BD$

よって，$BD = \dfrac{8\sqrt{7}}{7}$ となります。

ここで，**秘伝③**として，**三角形の面積の求め方**をまとめておきます。

証明はどの教科書にも記載されています。

三角形の面積の求め方

（何かわかっている時に，どの公式を使うかを判断してください。）

(1)

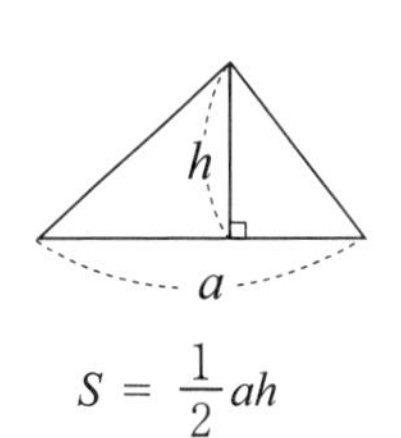

$$S = \frac{1}{2}ah$$

(2)

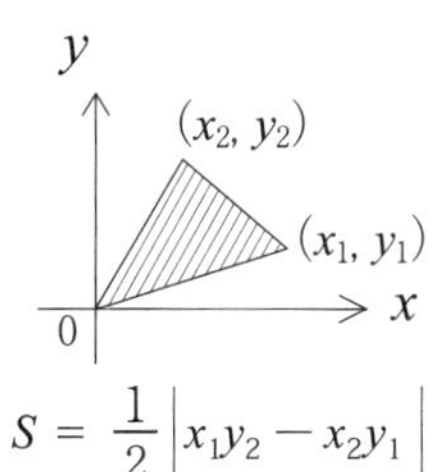

$$S = \frac{1}{2}\left|x_1y_2 - x_2y_1\right|$$

（三角形の頂点が３つとも原点にないときは，１頂点を原点まで平行移動して，この公式を使います。）

(3)

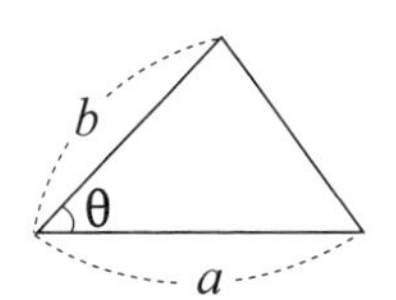

$$S = \frac{1}{2}ab\sin\theta$$

(4)［ヘロンの公式］

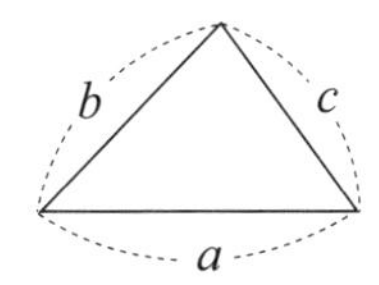

$s = \dfrac{a+b+c}{2}$ とすると

$$S = \sqrt{s(s-a)(s-b)(s-c)}$$

(5)

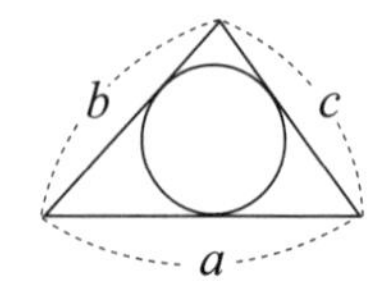

三角形に内接する円の
半径を r とすると，

$$S = \frac{1}{2}r(a+b+c)$$

(6)

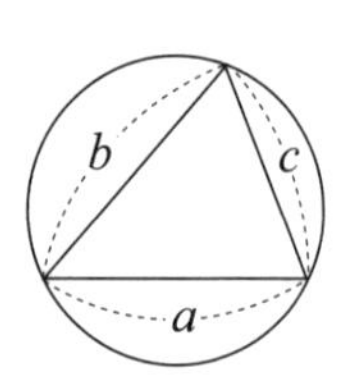

三角形に外接する円の
半径を R とすると，

$$S = \frac{abc}{4R}$$

(7)

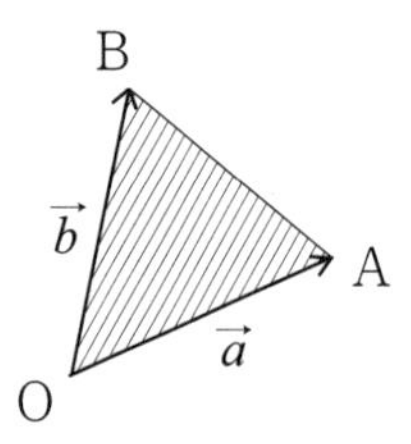

3点をO $(\vec{0})$，A $(\vec{a})$，B $(\vec{b})$
とすると，

$$\triangle \mathrm{OAB} = \frac{1}{2}\sqrt{|\vec{a}|^2|\vec{b}|^2-(\vec{a}\cdot\vec{b})^2}$$

この **秘伝③** を用いて，次の例題を解いてみます。

【例題３】

△ABCにおいて，$a=7$，$b=3$，$c=5$のとき，次のものを求めよ。

(1) 外接円の半径R　　(2) 内接円の半径r

《解説》

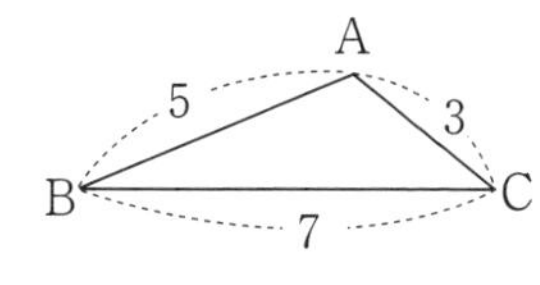

(1) 外接円の半径Rとなれば正弦定理ですが，$\sin A$が仮定にありません。

そこで３辺がわかっていますから，秘伝①の「３辺１角は余弦定理」を用いて，$\cos A$の値を求めてから，$\sin A$を求めていきます。

三角比をみるとき，sin，cos，tanは１つが求まると他の２つは必ず求まるものですから，バラバラにみないで，１つとみてください。

△ABCにおいて，余弦定理より

$$\cos A=\frac{3^2+5^2-7^2}{2\cdot3\cdot5}=-\frac{1}{2}$$

$0°<A<180°$より　$A=120°$になりますから，

$$\sin A=\sin 120°=\frac{\sqrt{3}}{2}$$

この場合，Aが求まらなければ，

$$\sin^2 A=1-\cos^2 A=1-\left(-\frac{1}{2}\right)^2=\frac{3}{4}$$

$\sin A>0$より　$\sin A=\dfrac{\sqrt{3}}{2}$　とします。

すると，△ABCに正弦定理を用いて，

$$\frac{a}{\sin A}=2R\quad\text{より}\quad R=\frac{a}{2\sin A}$$

よって，$R = \dfrac{7}{\sqrt{3}} = \dfrac{7\sqrt{3}}{3}$

別解として，秘伝③を使いますと，（4）のヘロンの公式より，

$$s = \frac{7+3+5}{2} = \frac{15}{2}$$

よって，$S = \sqrt{\dfrac{15}{2}\left(\dfrac{15}{2}-7\right)\left(\dfrac{15}{2}-3\right)\left(\dfrac{15}{2}-5\right)} = \dfrac{15\sqrt{3}}{4}$

次に秘伝③の(6)を使って，

$S = \dfrac{abc}{4R}$　より　$\dfrac{15\sqrt{3}}{4} = \dfrac{7\cdot3\cdot5}{4R}$

よって，$R = \dfrac{7\sqrt{3}}{3}$　としても解けます。

(2) これは，秘伝③の　(3) $S = \dfrac{1}{2}ab\sin\theta$　と　(5) $S = \dfrac{1}{2}r\,(a+b+c)$

を用いることになります。

前の問題の解法により，　$\sin A = \dfrac{\sqrt{3}}{2}$　　　を使いますと

$$S = \frac{1}{2}bc\sin A = \frac{1}{2}\cdot3\cdot5\cdot\frac{\sqrt{3}}{2} = \frac{15\sqrt{3}}{4}$$

$$S = \frac{1}{2}b\,(a+b+c) = \frac{15}{2}r$$

よって，$\dfrac{15}{2}r = \dfrac{15\sqrt{3}}{4}$　より　$r = \dfrac{\sqrt{3}}{2}$　となります。

この［例題3］は，３辺がわかったときの外接円の半径Ｒと内接円の半径ｒを求める問題です。

ここで，「角の二等分線の定理」と「パップスの中線定理」をとりあげ，それを**秘伝④**とします。

この２つの定理は，必ずマスターしてください。

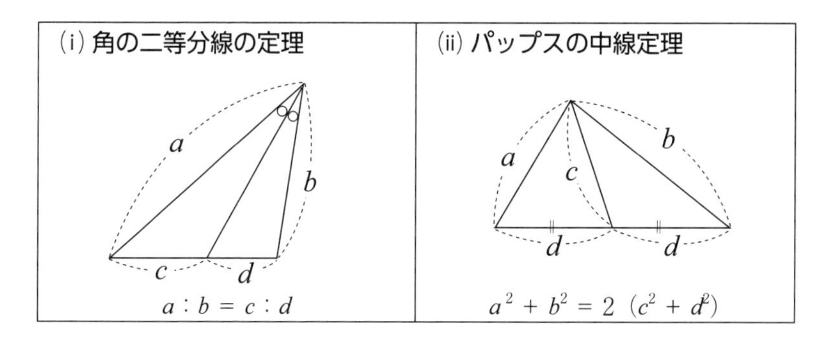

角の二等分線定理には，内角と外角の２つがあります。この２つの定理の証明は，どの教科書にも記載されています。

パップスの中線定理の証明は，「初等幾何学証明」や「余弦定理の利用」や「座標平面の利用」や「ベクトルの利用」など，実に様々に証明できますので，教科書で確認しておいてください。

最初に，「角の二等分線の長さを求める」解法を説明します。

【例題４】

△ ABC において，AB = 15，BC = 18，CA = 12 とする。

∠ A の二等分線が辺 BC と交わる点を D とするとき，線分 AD の長さを求めよ。

《解説》

角の二等分線の長さを求める代表的な問題です。

解法の流れは，

(1) 角の二等分線の定理で BD

(2) △ ABC に余弦定理で cosB

(3) △ ABD に余弦定理で AD

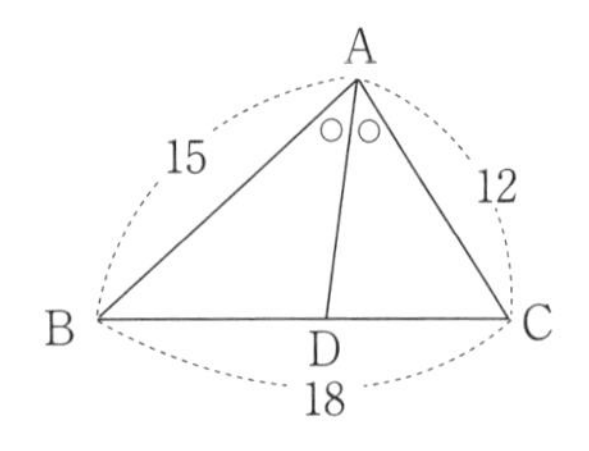

となります。

まず，(1)の BD ですが，BD：DC = AB：AC = 15：12 = 5：4

$$BD = \frac{5}{5+4}BC = \frac{5}{9}\cdot 18 = 10$$

(2)の $\cos B$ ですが，

$$\cos B = \frac{15^2 + 18^2 - 12^2}{2\cdot 15\cdot 18} = \frac{3}{4}$$

(3)の AD は，

$$AD^2 = AB^2 + BD^2 - 2\cdot AB\cdot BD\cdot \cos B$$

$$= 15^2 + 10^2 - 2\cdot 15\cdot 10\cdot \frac{3}{4} = 100$$

$AD > 0$ より

$AD = \underline{\underline{10}}$ となります。

ここで，直角 A が，60° や 120° などの特別な角度のときは，面積利用で求まるので，取り上げておきます。

【例題5】

△ABC において，AB = 8，AC = 5，∠A = 120° とする。∠A の二等分線と辺 BC の交点を D とするとき，線分 AD の長さを求めよ。

《解説》

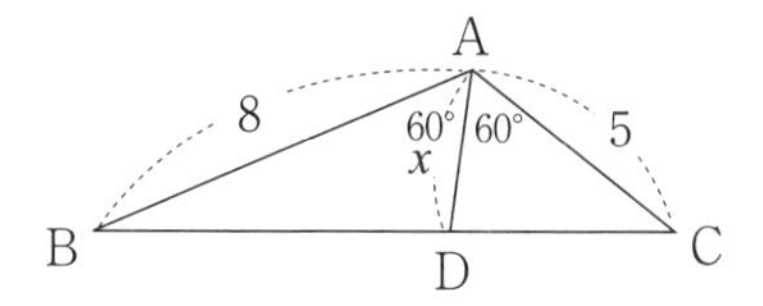

△ABC = △ABD+ △ADC

を使います。AD = x とおくと，

$\frac{1}{2} \cdot 8 \cdot 5 \cdot \sin 120° = \frac{1}{2} \cdot 8 \cdot x \cdot \sin 60° + \frac{1}{2} \cdot x \cdot 5 \cdot \sin 60°$ より，

$40 = 8x + 5x$

よって，$x = \frac{40}{13}$ となり，AD = $\frac{40}{13}$ です。

ここで「パップスの中線定理」の余弦定理を用いた証明を使った解法で，次の【例題6】を解いてみます。

【例題6】

$\triangle$ ABCにおいて，AB = 8，BC = 12，CA = 10とする。辺BCの中点をMとするとき，線分AMの長さを求めよ。

《解説1》

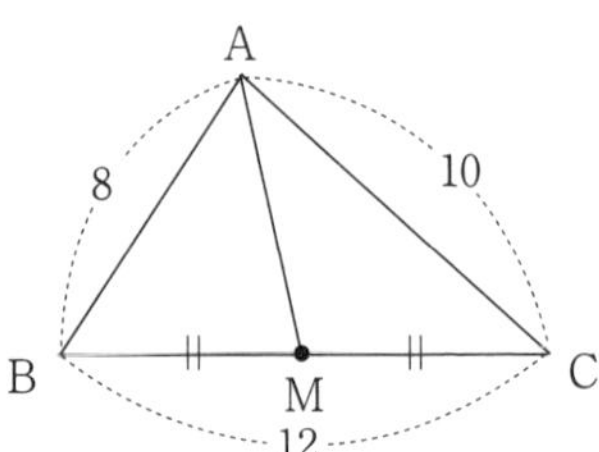

［例題4］と同じ解法になります。

解法の流れは，

$\triangle$ ABCに余弦定理で $\cos B$

$\Rightarrow \triangle$ ABMに余弦定理でAMとなります。

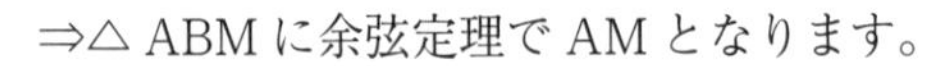

$\triangle$ ABCにおいて

$$\cos B = \frac{8^2 + 12^2 - 10^2}{2 \cdot 8 \cdot 12} = \frac{9}{16}$$

$\triangle$ ABMにおいて，

$$\begin{aligned} AM^2 &= 8^2 + 6^2 - 2 \cdot 8 \cdot 6 \cdot \cos B \\ &= 64 + 36 - 2 \cdot 8 \cdot 6 \cdot \frac{9}{16} = 46 \end{aligned}$$

よって，AM > 0 より　$AM = \sqrt{46}$

《解説２》

パップスの中線定理より

$8^2 + 10^2 = 2(AM^2 + 6^2)$ から

$AM^2 = 46$

$AM > 0$ より　$AM = \sqrt{46}$ で OK です。

最後に，三角形の形状を判定する問題を取りあげます。

これが，**秘伝⑤** となります。

> 三角形の形状判定は，正弦定理・余弦定理を用いて
>
> (1) 角を消去して，辺だけの関係にもち込む
>
> (2) 辺を消去して，角だけの関係にもち込む

(1)か(2)のどちらかで解きますが，圧倒的に(1)になります。代表的な入試問題をやってみます。

【例題７】

△ ABC において,

等式 $a^2\cos A\sin B = b^2\cos B\sin A$ が成り立つとき,

△ ABC はどのような三角形か。

《解説》

辺だけの関係にもち込むと，式変形の秘伝の因数分解が活躍することになります。

△ ABC の外接円の半径を R とすると，正弦定理より,

$$\sin A = \frac{a}{2R} \quad , \sin B = \frac{b}{2R}$$

また，余弦定理より,

$$\cos A = \frac{b^2 + c^2 - a^2}{2bc} \quad , \quad \cos B = \frac{c^2 + a^2 - b^2}{2ca}$$

これらを与式に代入すると,

$$a^2 \cdot \frac{b^2 + c^2 - a^2}{2bc} \cdot \frac{b}{2R} = b^2 \cdot \frac{c^2 + a^2 - b^2}{2ca} \cdot \frac{a}{2R}$$

よって，$a^2(b^2 + c^2 - a^2) = b^2(c^2 + a^2 - b^2)$

ここで，0 相手の因数分解をねらうことになります。

$$a^2(b^2 + c^2 - a^2) - b^2(c^2 + a^2 - b^2) = 0$$

$$(a^2 - b^2)c^2 - (a^4 - b^4) = 0$$

$$(a^2 - b^2)c^2 - (a^2 - b^2)(a^2 + b^2) = 0$$

よって，$(a^2 - b^2)(c^2 - a^2 - b^2) = 0$

ゆえに，$a^2 - b^2 = 0$　または　$c^2 - a^2 - b^2 = 0$

すなわち，$a^2 = b^2$　$a > 0$，$b > 0$ より　$a = b$

　または，$c^2 = a^2 + b^2$

　したがって，△ABC は

　　BC = CA の二等辺三角形

　または，∠C = 90° の直角三角形

となります。

ここで，**図形と計量の秘伝**をまとめておきます。

①

(i) 2辺2角の関係
(ii) a，b，c が同じ次数
(iii) $\sin A$，$\sin B$，$\sin C$ を辺の長さで表す

⇒ **正弦定理**

(i) 3辺1角の関係
(ii) a^2，b^2，c^2 を扱う
(iii) $\cos A$，$\cos B$，$\cos C$ を辺の長さで表す

⇒ **余弦定理**

② **「トレミーの定理」**

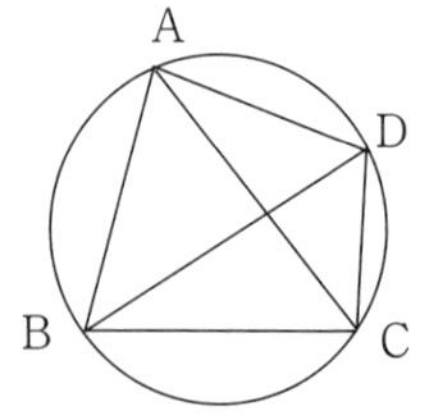

円に内接する四角形ABCDにおいて，

AB・CD ＋ AD・BC ＝ AC・BD

③ **三角形の面積の求め方**

(1)

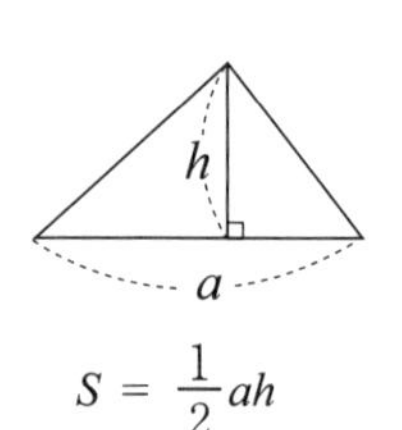

$$S = \frac{1}{2}ah$$

(2)

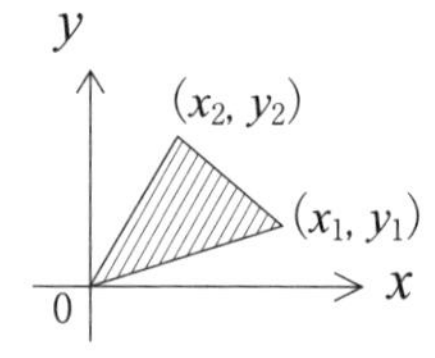

$$S = \frac{1}{2}\left|x_1y_2 - x_2y_1\right|$$

（三角形の頂点が3つとも原点にないときは，1頂点を原点まで平行移動して，この公式を使います。）

(3)

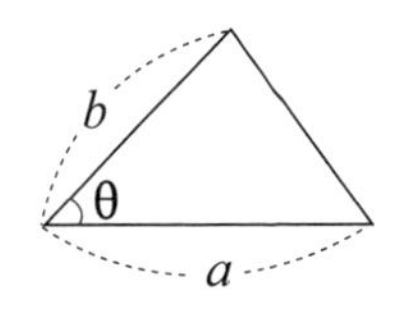

$$S = \frac{1}{2}ab\sin\theta$$

(4)［ヘロンの公式］

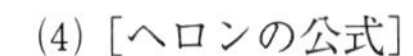

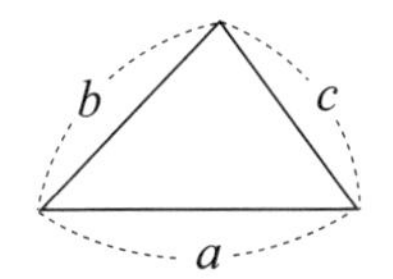

$s = \dfrac{a+b+c}{2}$ とすると

$$S = \sqrt{s(s-a)(s-b)(s-c)}$$

(5)

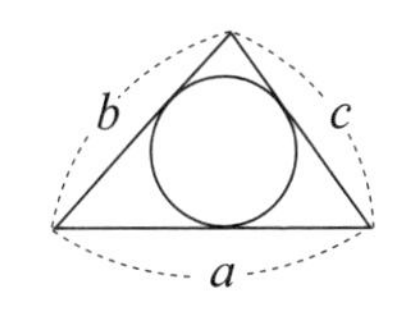

三角形に内接する円の半径を r とすると，

$$S = \frac{1}{2}r(a+b+c)$$

(6)

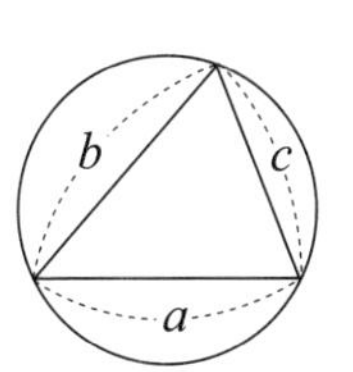

三角形に外接する円の半径を R とすると，

$$S = \frac{abc}{4R}$$

(7)

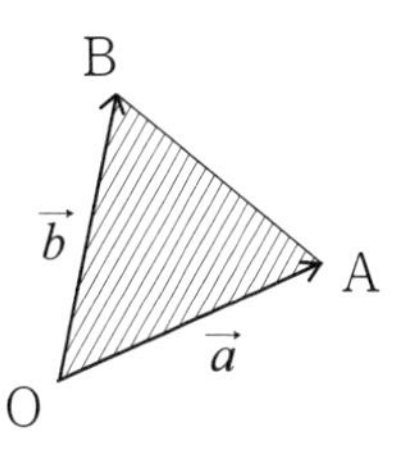

3点をO（$\vec{0}$），A（$\vec{a}$），B（$\vec{b}$）とすると，

$$\triangle\mathrm{OAB} = \frac{1}{2}\sqrt{|\vec{a}|^2|\vec{b}|^2-(\vec{a}\cdot\vec{b})^2}$$

④

(i) 角の二等分線の定理	(ii) パップスの中線定理
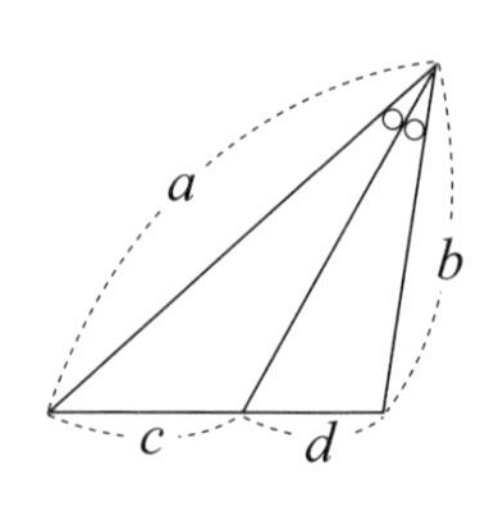	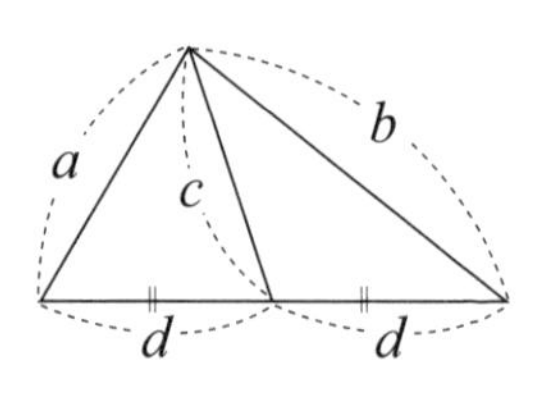
$a : b = c : d$	$a^2 + b^2 = 2(c^2 + d^2)$

⑤　三角形の形状判定は，正弦定理・余弦定理を用いて，

　⑴ 角を消去して，辺だけの関係に持ち込む

　⑵ 辺を消去して，角だけの関係に持ち込む

第９章　図形の性質の秘伝

やっと第９章までやってきました。あと少しですから，最後まで頑張ってください。

この章は，中学校で学習してきた「ユークリッド幾何学」をさらに発展させていくものです。以前の学習指導要領では中学校で学習していた単元を，ほとんど高等学校へまわされてしまったため，高等学校の「図形の性質」は，主要な定理や要点が30近くの膨大な量になりました。図形の性質を楽しむゆとりがなくなり，次から次に出てくる定義･定理･要点をこなしていくだけで精一杯だと思います。

主な項目をあげてみますが，大学入試問題で出題される重要な問題は，その後，【例題】で説明していきます。

なお，この章の秘伝も，それぞれの説明の中で示します。

「図形の性質」の主要な定理と要点

（内容は教科書で確認してください）

(1)　角の二等分線定理（内角と外角）

(2)　三角形の五心（外心・内心・重心・垂心・傍心）

(3)　チェバの定理とその逆

(4)　メネラウスの定理とその逆

(5)　三角形の３辺の大小関係

⑹　円周角の定理とその逆

⑺　円に内接する四角形の定理

⑻　四角形が円に内接するための条件

⑼　円の接線

⑽　接線と弦の作る角（接弦定理）

⑾　方べきの定理とその逆

重要なものは，この 11 個になります。

特に，⑶のチェバの定理と⑷のメネラウスの定理と⑾の方べきの定理は，「図形の性質」として，また，⑴の角の二等分線定理と⑵の三角形の五心は，他の単元の融合問題として，大学入試問題でよく出題されるものです。

ここで，三角形の相似を用いるだけで証明される⑾の方べきの定理を利用した「三平方の定理」の証明を示してみます。三平方の定理の証明は，100 種類以上もありますが，最もシンプルな証明として，興味をもってもらうために取りあげておきます。

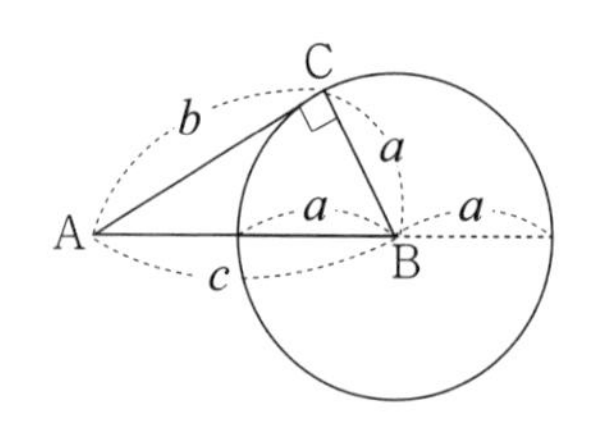

左図のように，$\angle C = 90°$ の直角三角形 ABC の B を中心に半径 a の円をかきますと，$\angle C = 90°$ より，AC は接線となります。

ここで，方べきの定理を用いると，

$b^2 = (c - a)(c + a)$ となり，

$b^2 = c^2 - a^2$ より　$c^2 = a^2 + b^2$ が証明されます。

次に，(2)の三角形の五心の中の「重心」についても，大変わかりにくい証明が書かれている教科書が多くありますので，取りあげておきます。

「三角形の重心の定理」とは，

「三角形の３本の中線は１点で交わり，その点を重心という。重心は，それぞれの中線を２：１に内内する」というものです。

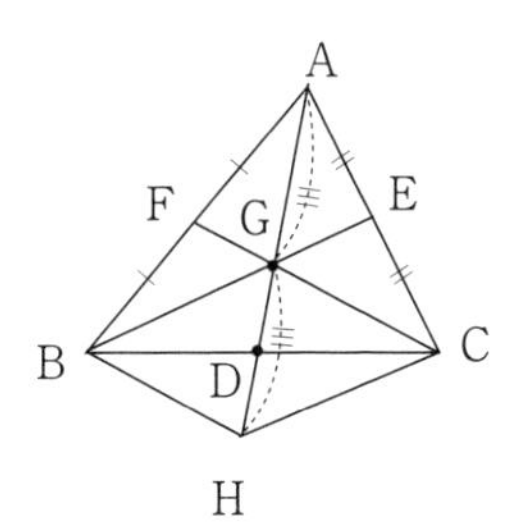

△ABCの中線BE，CFの交点をGとし，AGの延長線上にAG ＝ GHとなるように点Hをとる。ここで「え？」なぜそのような点Hをとることに気がついたのかと不安になると思います。

実は，昔から「補助線のパターン」というものがあり，これを知って「図形問題の楽しさ」と「試行錯誤的な思索」を鍛錬してほしいと思います。

この「補助線のパターン」に「中点あれば点対称」というものがあり，そのアレンジとしてGに関してAと点対称な点Hをとるのです。

「補助線のパターン」は，この後 **秘伝①** として示します。

この問題に戻ります。

△ABHにおいて，中点連結定理より

FG ∥ BH（これも，補助線のパターンの「中点２つで連結定理」）

すなわち，GC ∥ BH

同様にして，BG ∥ HC

したがって，四辺形 GBHC は平行四辺形となる。

平行四辺形の対角線は中点で交わるので，

BD = DC，GD = DH

ゆえに，AD は△ ABC の中線となる。

また，$GD = \frac{1}{2}GH = \frac{1}{2}AG$　より

G は AD を 2：1 に内分する。

これで証明できました。

それでは，ここで **秘伝①** を示します。

⑴　中点あれば点対称

⑵　中点 2 つで「連結定理」か「重心」

⑶　中線あれば「中線定理」

⑷　線分の長さ→まずは相似か直角見つけて三平方

⑸　直径は直角，直角は直径

⑹　直角 2 つで円（まる）くなる

⑺　接線 2 本で二等辺三角形

⑻　接線と割線，交わる 2 弦・2 割線で「方べき定理」

⑼　交わる 2 円に共通弦（中心線で垂直に 2 等分）

⑽　接する 2 円に共通接線（接点は中心線上）

⑾　接点あれば中心と結べ

【例題１】

△ABCの辺BC，CA，ABの中点をそれぞれD，E，Fとし，線分FEのEを越える延長上にFE＝EPとなるような点Pをとる。このとき，Eは△ADPの重心であることを証明せよ。

《解説》

これだけ，中点があるのですから，「秘伝①」の「(2) 中点２つで連結定理」を使いまくることになります。

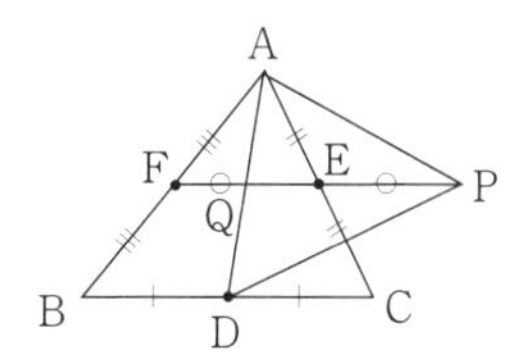

△ABCにおいて，F，Eが中点であるから，中点連結定理より

$$FE \parallel BC,\ FE = \frac{1}{2}BC$$

ここで，ADとFEの交点をQとすると，QE∥DCより

$AQ = QD$……①

△ADCにおいて，Q，Eが中点より，中点連結定理より

$$QE = \frac{1}{2}DC = \frac{1}{2} \times \frac{1}{2}BC = \frac{1}{4}BC$$

次に，FE＝EPより

$PE : EQ = FE : EQ = 2 : 1$……②

よって，①，②より

Eは，中線PQを２：１に内分するから，△ADPの重心である。

この問題の解法は，上のやり方だけでなく，別解はいろいろとあります。

【例題２】

直径が2である円Oにおいて，1つの直径ABをBの方に延長して，$BC=2AB$となる点Cをとる。また，Cから円Oに接線CTを引き，その接点をTとする。線分CT，ATの長さを求めよ。

《解説》

問題を読んで図を書くと，

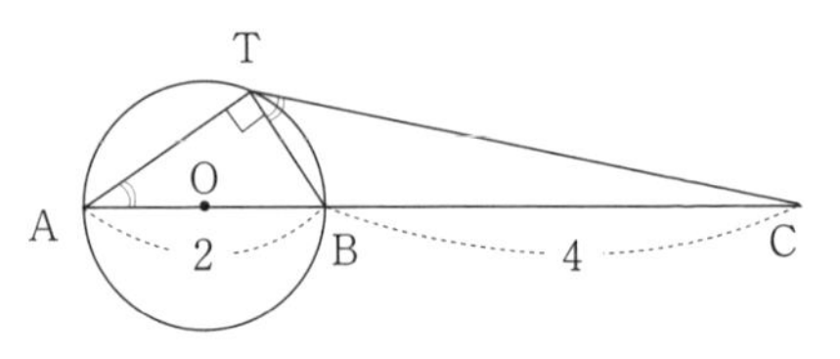

秘伝①の（8）が適用できて「方べきの定理」を使うことは，すぐ見えます。

そのうえで，秘伝①の（4）の「線分の長さ→まずは相似か直角見つけて三平方」が活躍することになります。

CTの長さ

方べきの定理より，$CT^2 = CB \cdot CA = 4 \times 6 = 24$

$CT > 0$ より　$CT = \underline{\underline{2\sqrt{6}}}$

別解として，OとTを結ぶと，（秘伝①(11)）

$\angle OTC = 90^\circ$ より $\triangle OCT$ に三平方の定理を用いて，

$CT = \sqrt{5^2 - 1^2} = \sqrt{24} = 2\sqrt{6}$　でもいけます。

ATの長さ

まず見えるのが相似です。

CTが円Oの接線より

$\angle CAT = \angle CTB$

$\angle$ C は共通

よって，$\triangle$ ATC $\backsim$ $\triangle$ TBC

ゆえに，AT : TB = TC : BC = $2\sqrt{6}$: 4 = $\sqrt{6}$: 2

ここで，AT = $\sqrt{6}\,k$，TB = $2\,k$ $(k > 0)$ とおくと，$\angle$ ATB = 90°
より $\triangle$ ATB に三平方の定理を用いて（直角見つけて三平方）

$AT^2 + TB^2 = AB^2$

よって，$6k^2 + 4k^2 = 4$

$10k^2 = 4$ より　$k^2 = \dfrac{2}{5}$

$k > 0$ より，$k = \dfrac{\sqrt{10}}{5}$

したがって，AT = $\sqrt{6}\,k = \sqrt{6} \times \dfrac{\sqrt{10}}{5} = \dfrac{2\sqrt{15}}{5}$

となります。

【例題３】

右の図のように，点Ａで外接する２つの円Ｏ，Ｏ′の共通外接線の接点をそれぞれＢ，Ｃとする。

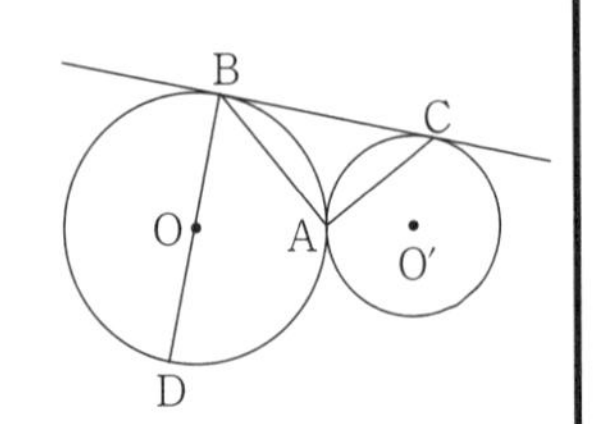

(1) △ABCは直角三角形であることを示せ。

(2) 円Ｏの直径BDを引くとき，３点Ａ，Ｃ，Ｄは１つの直線上にあることを証明せよ。

《解説》

これは，秘伝①の「⑽ 接する２つの円に共通接線」の典型的な問題です。共通接線には共通外接線と共通内接線の２つがあります。

(1) Ａにおける２円の共通内接線を引き，BCとの交点をＥとする。直線EB，直線EAは円Ｏの２直線であるから

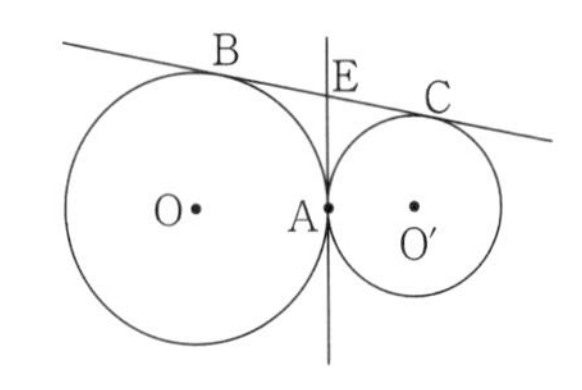

EB = EA

（秘伝①の (7) 接線２本で二等辺三角形）

直線EC，直線EAは円Ｏ′の２接線であるから

EA = EC

したがって，EB = EA = ECより，Ａは線分BCを直径とする円周上にあるから，∠BAC = 90°

よって，△ABCは∠Ａ = 90°の直角三角形である。

⑵ ここでも **秘伝①** の「⑸ 直径は直角，直角は直径」が使われます。

BD は円 O の直径より

$\angle BAD = 90°$

また，⑴より

$\angle CAB = 90°$

よって，

$\angle CAD = \angle BAD + \angle CAB = 180°$

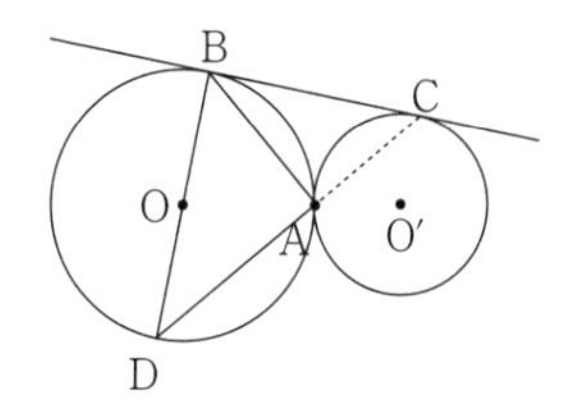

ゆえに，３点 A，C，D は１つの直線上にある。

この【例題 3】では，**秘伝①** が大活躍しました。

さて，ここからは「チェバの定理」と「メネラウスの定理」に突入します。「図形の性質」の中で，最も出題率が高い定理で，ぜひマスターしてください。

ここで **秘伝②** を示しておきます。

> ⑴ 三角形に１本の直線⇒「メネラウスの定理」
> （求めたい比がある辺を三角形の１辺とする三角形を決める。決めた三角形の頂点を通らない直線を１本の直線とする。）
> ⑵ ３頂点からの直線が１点で交わる⇒「チェバの定理」

【例題４】

△ABC において，辺 AB 上と辺 AC の延長線上にそれぞれ点 E，F をとり，AE：EB＝1：2，AF：FC＝3：1 とする。直線 EF と直線 BC との交点を D とするとき，BD：DC，ED：DF をそれぞれ求めよ。

《解説》

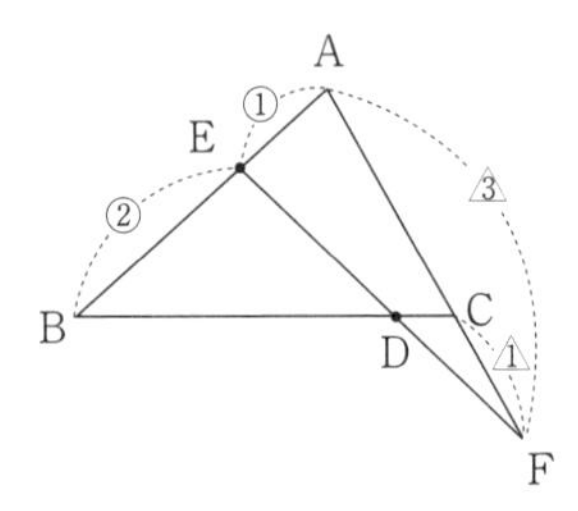

図を書いてみると，三角形の辺の比で，三角形に１本の直線が見えますので，秘伝② の(1)の「メネラウスの定理」を使うことになります。

「メネラウスの定理」を用いるとき，三角形と直線の決め方がポイントになります。

三角形は求めたい比がある辺を，三角形の１辺となるように決めます。

また，１本の直線については，決めた三角形の頂点を通らない直線となります。

具体的にこの問題で説明します。

(1) この図の中には，三角形が４つあります。この中で，BD:DC が求めたい場合，BC が１辺となる三角形をさがしますと，△ABC しかありません。これで三角形が決まりました。１本の直線は，図の中で，△ABC の頂点 A，B，C を通らない直線をさがしますと，直線 EF しかありません。これで三角形と１本の直線が確定しましたので，メネラウスの定理を使います。

△ABCと直線EFについて，メネラウスの定理より

$$\frac{BD}{DC}\cdot\frac{CF}{FA}\cdot\frac{AE}{EB}=1$$

よって，$\frac{BD}{DC}\cdot\frac{1}{3}\cdot\frac{1}{2}=1$

ゆえに，$\frac{BD}{DC}=\frac{6}{1}$

よって，BD：DC = $\underline{\underline{6:1}}$

(2) 今度は，ED：DFが求めたいのですから，三角形としては，EFが1辺となるのは△AEFだけで，これで三角形が決まりました。次に1本の直線は，△AEFの頂点を通らない直線ですから，直線BCしかありません。

△AEFと直線BCについて

メネラウスの定理より

$$\frac{ED}{DF}\cdot\frac{FC}{CA}\cdot\frac{AB}{BE}=1$$

よって，

$\frac{ED}{DF}\cdot\frac{1}{2}\cdot\frac{3}{2}=1$から

$$\frac{ED}{DF}=\frac{4}{3}$$

ゆえに，ED：DF = $\underline{\underline{4:3}}$

【例題５】

1辺の長さが7の正三角形ABCがある。

辺AB，AC上にAD = 3，AE = 6となるように2点D，Eをとる。BEとCDの交点をF，直線AFとBCの交点をGとするとき，線分CGの長さを求めよ。

《解説》

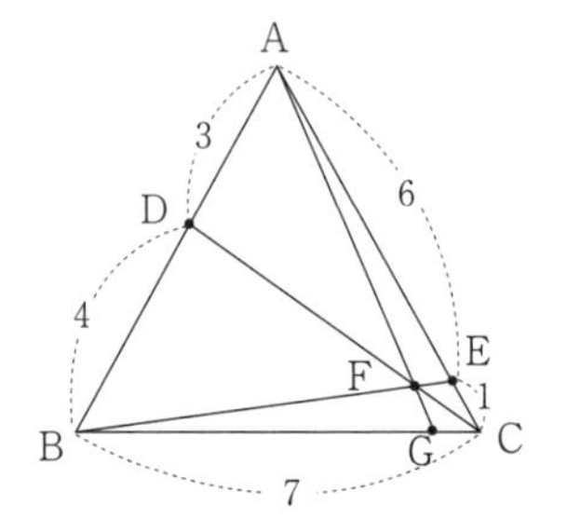

図を書いてみると，3頂点からの直線が1点Fで交わっていて，求めたいのがCGですから，秘伝② の(2)で，「チェバの定理」を使うことになります。

$$\frac{BG}{GC}\cdot\frac{CE}{EA}\cdot\frac{AD}{DB}=1$$ より

$$\frac{BG}{GC}\cdot\frac{1}{6}\cdot\frac{3}{4}=1$$

よって，$\frac{BG}{GC}=\frac{8}{1}$

したがって，$CG = 7\times\frac{1}{9}=\frac{7}{9}$ となります。

【例題６】

△OABの辺OAを３：１に内分する点をC，辺OBを４：１に内分する点をDとし，ADとBCの交点をP，OPとABの交点をQとする。$\overrightarrow{OA}=\vec{a}$，$\overrightarrow{OB}=\vec{b}$とするとき，次の問いに答えよ。

⑴　$\overrightarrow{OP}$を$\vec{a}$，$\vec{b}$を用いて表せ。またBP：CPを求めよ。

⑵　$\overrightarrow{OQ}$を$\vec{a}$，$\vec{b}$を用いて表せ。またOP：PQを求めよ。

《解説》

「ベクトルの図形への応用」と「図形の性質」は，相互に関連しています。ここで **秘伝③** を示します。

> 「ベクトルの図形への応用」と「図形の性質」は，１つの単元として相互に利用する。

簡単な具体的な例として，「中点連結定理」は，ベクトルを用いると，次のように証明できます。

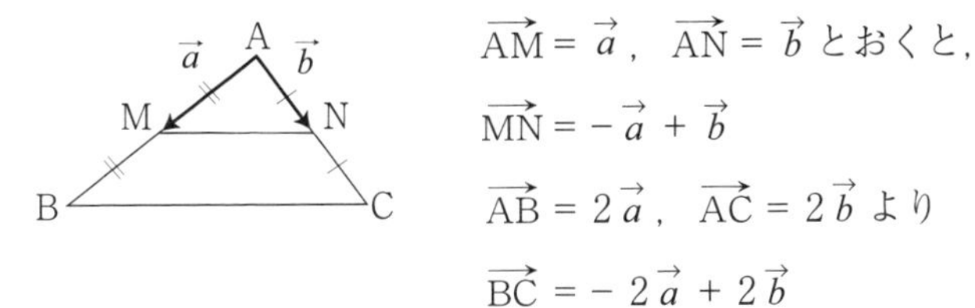

$\overrightarrow{AM}=\vec{a}$，$\overrightarrow{AN}=\vec{b}$とおくと，

$\overrightarrow{MN}=-\vec{a}+\vec{b}$

$\overrightarrow{AB}=2\vec{a}$，$\overrightarrow{AC}=2\vec{b}$より

$\overrightarrow{BC}=-2\vec{a}+2\vec{b}$

よって，$\overrightarrow{BC}=2(-\vec{a}+\vec{b})=2\overrightarrow{MN}$となり，

$MN /\!/ BC$, $MN = \frac{1}{2}BC$ が証明できました。

この問題に戻ります。

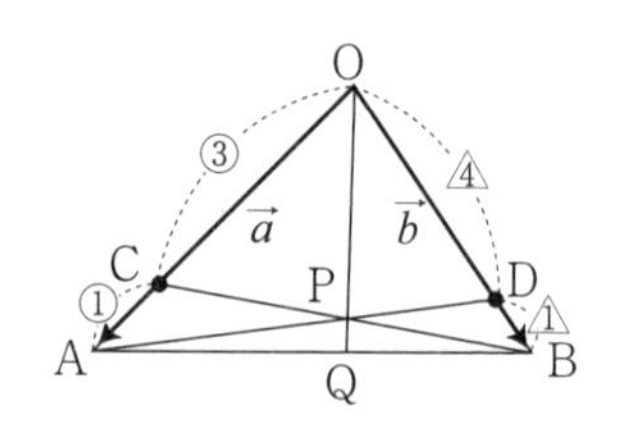

図を書いてみると，3 頂点からの直線が 1 点で交わっているので，「チェバの定理」が見え，AQ：QB は求まります。

また，多くの三角形に直線があるので，(1)の BP：CP は「メネラウスの定理」で求まります。

「メネラウスの定理」や「チェバの定理」は，「ベクトルの図形への応用」でも有効に利用できます。

(1) まず BP：CP を求めます。

△OCB と直線 AD について，メネラウスの定理より

$\frac{OA}{AC} \cdot \frac{CP}{PB} \cdot \frac{BD}{DO} = 1$ より，$\frac{4}{1} \cdot \frac{CP}{PB} \cdot \frac{1}{4} = 1$

よって，$\frac{CP}{PB} = \frac{1}{1}$ から BP：CP ＝ $\underline{\underline{1:1}}$

すると，

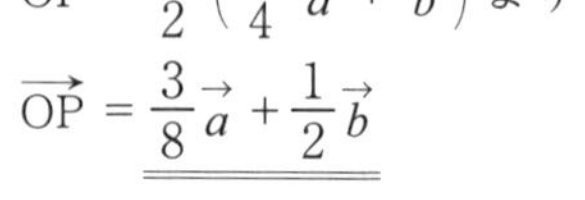

$\overrightarrow{OP} = \frac{1}{2}\left(\frac{3}{4}\vec{a} + \vec{b}\right)$ より

$\overrightarrow{OP} = \underline{\underline{\frac{3}{8}\vec{a} + \frac{1}{2}\vec{b}}}$

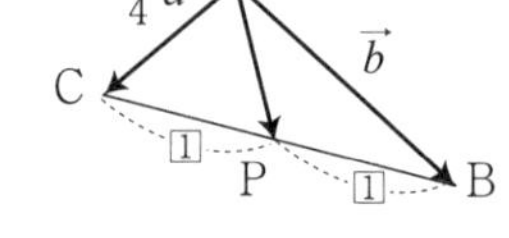

この問題をベクトルだけで解くと，

AP：PD ＝ s：(1 − s)

BP：PC ＝ t：(1 − t)

とおいて，分点公式を用いて，$\overrightarrow{OP}$ を

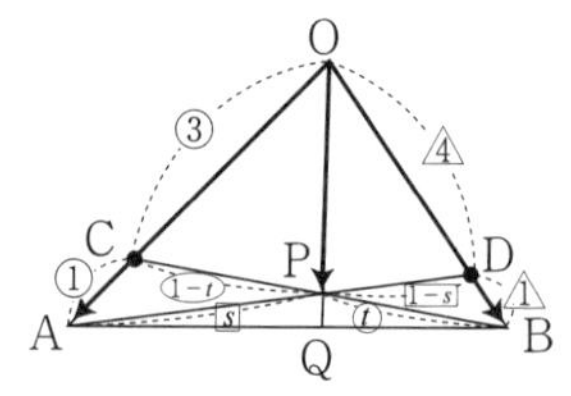

２通りに表して，s，t を求めることになります。

この解法も，大切な解法ではありますので，一度トライしておいてください。

(2) $\overrightarrow{OQ}$ を $\vec{a}$，$\vec{b}$ を用いて表すために，まず AQ：QB を求めます。

３頂点 O，A，B からの直線が，１点 P で交わっているので，

「チェバの定理」を使います。

△ OAB において，チェバの定理より，

$$\frac{AQ}{QB}\cdot\frac{BD}{DO}\cdot\frac{OC}{CA}=1$$

よって，$\dfrac{AQ}{QB}\cdot\dfrac{1}{4}\cdot\dfrac{3}{1}=1$

$\dfrac{AQ}{QB}=\dfrac{4}{3}$ より　AQ：QB ＝ ４：３

したがって，分点公式を用いて

$$\overrightarrow{OQ}=\frac{3\vec{a}+4\vec{b}}{4+3}=\underline{\underline{\frac{3}{7}\vec{a}+\frac{4}{7}\vec{b}}}$$

次に OP：PQ は，△ OAQ と直線 BC について，メネラウスの定理より

$$\frac{OC}{CA}\cdot\frac{AB}{BQ}\cdot\frac{QP}{PO}=1$$

よって，$\dfrac{3}{1}\cdot\dfrac{7}{3}\cdot\dfrac{QP}{PO}=1$　より，$\dfrac{QP}{PO}=\dfrac{1}{7}$

したがって，OP：PQ は＝ $\underline{\underline{7:1}}$

この問題も，ベクトルだけで解くと，

AQ：QB ＝ u：$(1-u)$

$\overrightarrow{OQ}=k\overrightarrow{OP}$ として，

$\overrightarrow{OQ}$ を２通りに表して，

u，k を求めることになります。

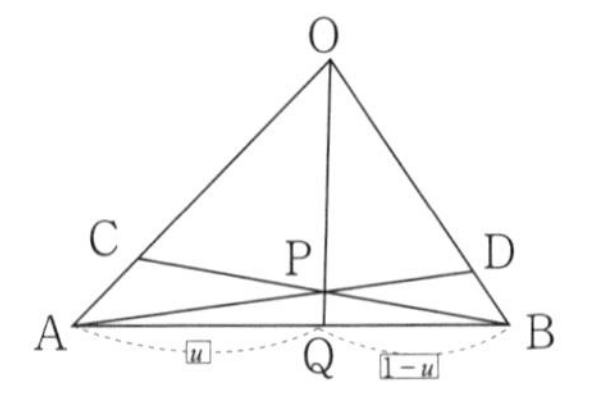

また，**秘伝③**で「ベクトルの図形への応用」と「図形の性質」は相互に利用としましたが，「図形と計量」でも，ベクトルは有効です。簡単な例として，余弦定理の証明は，ベクトルを用いると次のようになります。

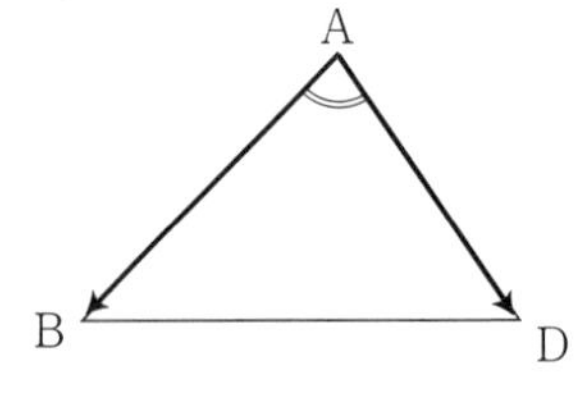

$|\overrightarrow{BC}|^2=|\overrightarrow{AC}-\overrightarrow{AB}|^2$

ここで，$\vec{p}\cdot\vec{p}=|\vec{p}|^2$ という超重要公式を用いると，

$$
\begin{aligned}
|\overrightarrow{AC}-\overrightarrow{AB}|^2 &= (\overrightarrow{AC}-\overrightarrow{AB})\cdot(\overrightarrow{AC}-\overrightarrow{AB})\\
&= \overrightarrow{AC}\cdot\overrightarrow{AC}-2\,\overrightarrow{AB}\cdot\overrightarrow{AC}+\overrightarrow{AB}\cdot\overrightarrow{AB}\\
&= |\overrightarrow{AC}|^2+|\overrightarrow{AB}|^2-2\,\overrightarrow{AB}\cdot\overrightarrow{AC}
\end{aligned}
$$

よって，$|\overrightarrow{BC}|^2=|\overrightarrow{AC}|^2+|\overrightarrow{AB}|^2-2\overrightarrow{AB}\cdot\overrightarrow{AC}$　より

$BC^2=AB^2+AC^2-2AB\cdot AC\cdot\cos A$

となり，余弦定理が証明できました。

【例題７】

△ABCにおいて，辺BC，CA，ABを2：1に内分する点をそれぞれL，M，Nとし，線分ALとBM，BMとCN，CNとALの交点をそれぞれP，Q，Rとする。△ABCの面積がaのとき，△PQRの面積をaを用いて表せ。

《解説》

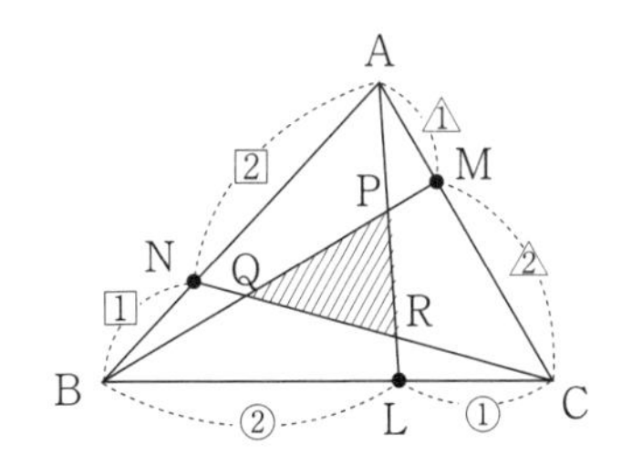

典型的な入試問題をとりあげて，今まで説明してきた「メネラウスの定理」を使っていきます。

この問題は，すべての三角形の面積が求まります。

いろいろな解法が考えられますので，1つの解答例を示しておきます。

BM上の比としてBQ：QP：PMを求めてみます。

△BCMと直線ALについて，メネラウスの定理より，

$$\frac{BL}{LC}\cdot\frac{CA}{AM}\cdot\frac{MP}{PB}=1 \quad より$$

$$\frac{2}{1}\cdot\frac{3}{1}\cdot\frac{MP}{PB}=1 \quad よって，\quad \frac{MP}{PB}=\frac{1}{6} \quad から$$

MP：PB = 1：6

また，△ABMと直線CNについて，メネラウスの定理より

$$\frac{AN}{NB}\cdot\frac{BQ}{QM}\cdot\frac{MC}{CA}=1 \quad より$$

$$\frac{2}{1}\cdot\frac{BQ}{QM}\cdot\frac{2}{3}=1$$ よって，$\frac{BQ}{QM}=\frac{3}{4}$から

BQ：QM ＝ 3：4

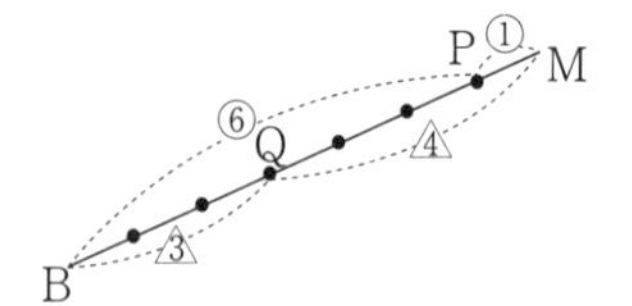

BMを7分割すると，

BQ：QP：PM ＝ 3：3：1

次にAL上の比として，AP：PR：RLを求めます。

もう三角形と直線は見えてきたと思いますが，△ABLと直線CNについて，メネラウスの定理より，

$$\frac{BC}{CL}\cdot\frac{LR}{RA}\cdot\frac{AN}{NB}=1$$ より

$$\frac{3}{1}\cdot\frac{LR}{RA}\cdot\frac{2}{1}=1$$ よって，$\frac{LR}{RA}=\frac{1}{6}$から

LR：LA ＝ 1：6

また，△ALCと直線BMについて，メネラウスの定理より

$$\frac{LB}{BC}\cdot\frac{CM}{MA}\cdot\frac{AP}{PL}=1$$ より

$$\frac{2}{3}\cdot\frac{2}{1}\cdot\frac{AP}{PL}=1$$ よって，$\frac{AP}{PL}=\frac{3}{4}$から

AP：PL ＝ 3：4

先ほどと同様に，ALを7分割すると，

AP：PR：RL ＝ 3：3：1

ここまで比が分かりますと，△PQRだけでなくすべての三角形の面積が求まります。

どこをSとおいてもよいのですが，最小の△CRLをSとおくと，次のようになります。

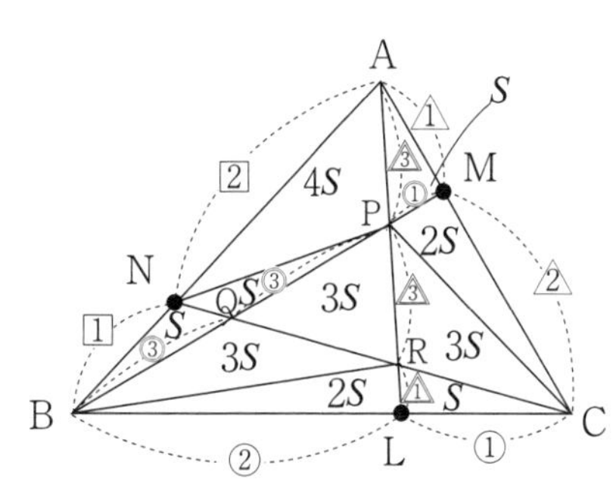

△APCはAP＝PRより

△CPRと等しくなり

△APC＝$3S$より

△APM＝S，△MPC＝$2S$となります。

また，△BLR＝$2S$より

△PBR＝$6S$となり，

PQ＝QBより

△PQR＝△QBR＝$3S$となります。

△ABP＝$6S$より△ANP＝$4S$

△PNQ＝△NBQ＝Sとなって，

すべての三角形の面積がSを用いて表され，△ABC＝$21S$となりました。

この問題は，ここまで求めていません。

△PQRの面積だけですので，次のように求まります。

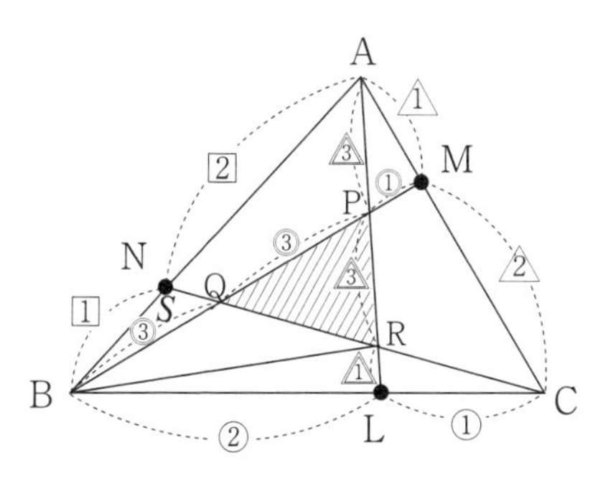

BL：LC ＝ 2：1 より

$\triangle ABL = \frac{2}{3}\triangle ABC = \frac{2}{3}a$

AL：PR ＝ 7：3 より

$\triangle PBR = \frac{3}{7}\triangle ABL = \frac{3}{7}\cdot\frac{2}{3}a = \frac{2}{7}a$

PQ：QB ＝ 1：1 より

$\triangle PQR = \frac{1}{2}\triangle PBR = \frac{1}{2}\cdot\frac{2}{7}a = \frac{1}{7}a$

よって，$\triangle PQR = \underline{\underline{\frac{1}{7}a}}$となります。

ここで **図形の性質の秘伝** をまとめておきます。

①

⑴　中点あれば点対称
⑵　中点２つで「連結定理」か「重心」
⑶　中線あれば「中線定理」
⑷　線分の長さ→まずは相似か直角見つけて三平方
⑸　直径は直角，直角は直径
⑹　直角２つで円(まる)くなる
⑺　接線２本で　二等辺三角形
⑻　接線と割線，交わる２弦・２割線で「方べき定理」
⑼　交わる２円に共通弦（中心線で垂直に２等分）
⑽　接する２円に共通接線（接点は中心線上）
⑾　接点あれば中心と結べ

②

⑴　三角形に１本の直線　⇒　「メネラウスの定理」
（求めたい比がある辺を三角形の１辺とする三角形を決める。決めた三角形の頂点を通らない直線を１本の直線とする。）
⑵　３頂点からの直線が１点で交わる⇒「チェバの定理」

③

「ベクトルの図形への応用」と「図形の性質」は，１つの単元として，相互に利用する。

三角形の五心・２直線のなす角・垂線の長さ・点が一致することの証明・３点一直線の証明　などは，ベクトルを利用した方が，見晴らしの良い解法が見えてくる。

第 10 章 論証力の秘伝

いよいよ，最後の章になりました。ここまできましたら，終了ですので，最後までやり遂げてください。

この章は，文部科学省が「新しい未来」を創るために提言している「思考力・判断力・表現力」について，今後大きく変革する大学入試の重要なテーマになっていく「論証力」を取りあげます。

この単元は，苦手意識のある人も多いと思いますが，頑張って乗り越えてください。

この章の「秘伝」も，それぞれの説明の中で示します。

最初に，「命題の証明」について，まとめてみます。

これを，**秘伝①**とします。

命題　「$p \Rightarrow q$」の証明

(1) 直接証明法　$p \Rightarrow r \Rightarrow s \Rightarrow \cdots\cdots \Rightarrow q$

(2) 間接証明法　(i)　背理法で証明

(ii)　対偶を証明

(iii)　集合の包含関係で証明

ここで，(2) (iii)を「必要条件・十分条件」とともに説明しておきます。

一番わかりやすい例として，命題「人間⇒動物」を使います。

まず，「人間⇒動物」は「真の命題」です。

人間は，動物であるためには十分な条件です。（十分条件）

動物は，人間であるためには必要な条件です。（必要条件）

このことを頭に入れておくと，必要条件・十分条件は間違えずに使えます。

命題「$p \Rightarrow q$」が「真」のとき，頭で p を人間，q を動物とおきかえて，

「p は q であるための十分条件である」

「q は p であるための必要条件である」となります。

「十分⇒必要」とだけ覚えている人は，上の説明で少しは納得できたと思います。

この例は，集合の包含関係でも使えます。

「人間⇒動物は真」↔「人間⊂動物」 なので，

命題 「$p \Rightarrow q$ が真」↔ 「$P \subset Q$」 となります。

次に，(2) (ii) ですが，命題の真偽で，

「その命題と対偶の真偽は一致」します。

「$p \Rightarrow q$ が真」 ↔ 「$\overline{q} \Rightarrow \overline{p}$ が真」

「$p \Rightarrow q$ が偽」 ↔ 「$\overline{q} \Rightarrow \overline{p}$ が偽」

基本的な確認はこれくらいにして，例題に入ります。

【例題１】【例題２】で，典型的なセンター試験の問題を取りあげてみます。

【例題 1】

次の□にあてはまるものを選べ。

実数 a，b に関する条件 p，q，r，s を次のように定める。

$p : ab \geqq 0$　$q : ab \geqq a^2$　$\mathrm{r : ab} \geqq b^2$　$s : a = b$

このとき，

(1) p は q であるための□。

(2) $\overline{p}$ は $\overline{r}$ であるための□。

(3) s は「q かつ r」であるための□。

⓪　必要十分条件である。

①　必要条件であるが，十分条件でない。

②　十分条件であるが，必要条件でない。

③　必要条件でも十分条件でもない。

《解説》

このような問題を，秘伝①の直接証明法で，まともに真偽の判定をしていては，(2)や(3)の対応をするのが困難になってきます。
特に，「実数」に関する論理の問題は，領域を図示して，秘伝① (2) (iii) の集合の包含関係で処理することが，分かりやすい解法になります。

この問題では，横軸に a，縦軸に b をとって図示してみます。

$p : ab \geqq 0$　「$a \geqq 0$ かつ $b \geqq 0$」または「$a \leqq 0$ かつ $b \leqq 0$」

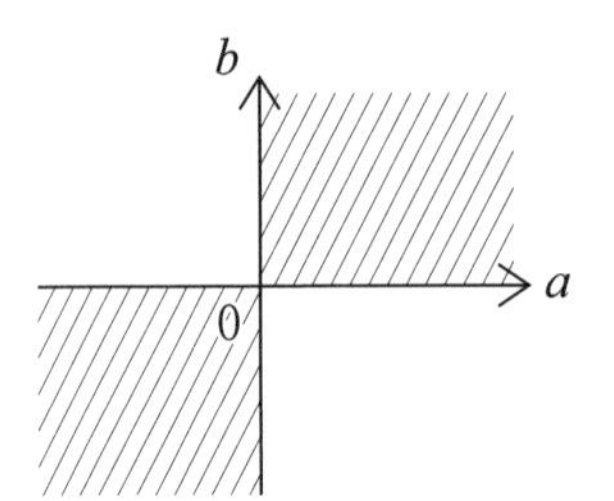

$q : ab \geqq a^2$　$ab - a^2 \geqq 0$ より　$a(b-a) \geqq 0$

すなわち，「$a \geqq 0$ かつ $b - a \geqq 0$」または「$a \leqq 0$ かつ $b - a \leqq 0$」

よって，「$a \geqq 0$ かつ $b \geqq a$」または「$a \leqq 0$ かつ $b \leqq a$」

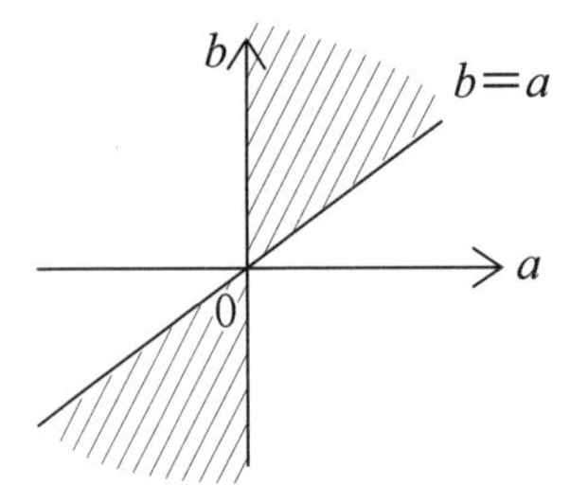

$r : ab \geqq b^2$　$ab - b^2 \geqq 0$ より　$b(a-b) \geqq 0$

すなわち，「$b \geqq 0$ かつ $a - b \geqq 0$」または「$b \leqq 0$ かつ $a - \mathrm{b} \leqq 0$」

よって，「$b \geqq 0$ かつ $b \leqq a$」または「$b \leqq 0$ かつ $b \geqq a$」

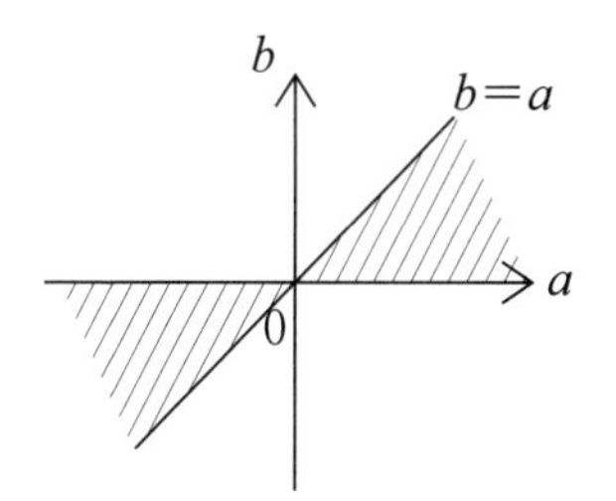

$S : a = b$　　これは，$b = a$ より下図

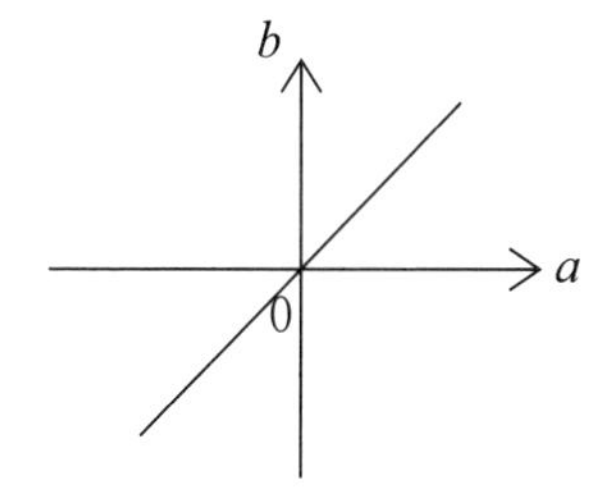

ここで，p，q，r，s を表す領域を，P，Q，R，S とします。

(1) 図より，$Q \subset P$　かつ $Q \neq P$ ですから，

「$q \Rightarrow p$ は真」で，「$p \Rightarrow q$ は偽」になり，

p は q であるための必要条件であるが，十分条件でないので，①になります。

(2) 領域を確認すると，$\overline{P} \subset \overline{R}$　かつ，$\overline{P} \neq \overline{R}$　になりますから，

「$\overline{\boldsymbol{p}} \Rightarrow \overline{\boldsymbol{r}}$ は真」で，「$\overline{\boldsymbol{r}} \Rightarrow \overline{\boldsymbol{p}}$ は偽」になり，

$\overline{\boldsymbol{p}}$ は $\overline{\boldsymbol{r}}$ であるための十分条件であるが，必要条件でないので，②になります。

(3) これも，領域を確認すると，$Q \cap R = S$ となり，

s は「q かつ r」であるための必要十分条件ですので，⓪

になります。

この「集合の包含関係」によって，命題の真偽の判定や，証明をすることは，大変有効な解法になります。

次の例題も，典型的なセンター試験の問題です。

【例題２】

次の□にあてはまるものを選べ。

r または s が無理数であることは，r^2-2s が無理数であるための□。

⓪　必要十分条件である。

①　必要条件であるが，十分条件ではない。

②　十分条件であるが，必要条件ではない。

③　必要条件でも十分条件でもない。

《解説》

「r または s が無理数である」を p，

「r^2-2s が無理数である」を q として，

「$p \Rightarrow q$」の真偽を判定するのは，極めて困難です。

困難の原因は，「または」と「無理数」にあります。

処理しやすいのは，「かつ」と「有理数」です。

もう気が付いていると思いますが，p と q を否定すると，

「かつ」と「有理数」になります。

そこで，秘伝①の(2)(ii) が活躍します。

命題の真偽で，「その命題と対偶の真偽は一致」します。

「$\overline{q} \Rightarrow \overline{p}$」を処理します。

$\overline{q}$：「r^2-2s が有理数である」

$\overline{p}$：「r かつ s が有理数である」

$\overline{q}$ に r^2 があることから，r が無理数であっても，2 乗すると有理数になる実数は，いくらでも思いつきます。

従って，「$\overline{q} \Rightarrow \overline{p}$」は「偽」になります。

「その命題と対偶の真偽は一致」するので,「$\overline{q} \Rightarrow \overline{p}$」の対偶である「$p \Rightarrow q$」は「偽」となります。

反例としては，$r = \sqrt{5}$，$s = 2$　とすると，$r^2 - 2s = 1$
となり，「$r^2 - 2s$ が有理数である」けれど，「r かつ s が有理数」にはなりません。

逆に，「$\overline{p} \Rightarrow \overline{q}$」は，$r$ かつ s が有理数なら，r^2 も $2s$ も有理数になるので，$r^2 - 2s$ は有理数になり，「$\overline{p} \Rightarrow \overline{q}$」は「真」になります。

従って，「$\overline{p} \Rightarrow \overline{q}$」の対偶である「$q \Rightarrow p$」は「真」となります。

以上のことから，p は q であるための必要条件であるが，十分条件でない①となります。

有理数の四則演算は，有理数になりますが，無理数の四則演算は，有理数の場合と無理数の場合があります。そこで，無理数を扱うときは，対偶をとることになります。

注意しておかなければならないことは，

「a が有理数⇒ a^2 は有理数」は「真」ですが，逆は成り立たない。

「a，b がともに有理数⇒ $a + b$，ab はともに有理数」は「真」ですが，逆は成り立たない。ということです。

ここで，**秘伝②**を示します。

> 命題の「真・偽」の判定で，
>
> 「対偶」を取ると処理しやすくなる命題
>
> ⑴ 直接証明法で行き詰った命題
>
> ⑵「p または q」がある命題
>
> ⑶ 無理数を扱う命題
>
> ⑷「でない」という否定がある命題

次に，センター試験の問題で，「思考力」と「判断力」を問う問題を取りあげてみます。

【例題3】

次の条件がすべての自然数aで成り立つような自然数mのうち，最大のものは，$m=$□である。

条件：$a(a+1)(a+2)$ はmの倍数である。

《解説》

問題文を見逃さずに，しっかり読んでください。

「すべての自然数aで成り立つ」の「すべての」です。

そこで，このような場合は，具体的に，$a=1$，2，3，……として，答えを予想していきます。

$a=1$のとき，$a(a+1)(a+2)=6$

$a=2$のとき，$a(a+1)(a+2)=24$

$a=3$のとき，$a(a+1)(a+2)=60$

もう見えてきました。

すべての自然数aで成り立たなければならないので，mを12にすると，12の倍数では，$a=2$，3は満たされますが，$a=1$のときの6が抜けてしまいます。

また，$a(a+1)(a+2)$ は，連続3整数の積ですから，6の倍数です。

以上から，求める最大のmは6となります。

ここで，秘伝③を示します。

整数（自然数）の論証問題は， 具体的な整数（自然数）で検証し，解法の糸口を探る。

これは，第2章の「確率問題の解法の秘伝」の【例題4】でも説明しましたが，問題を読んでも，どこから手をつければよいのか戸惑うときに，具体的な整数（自然数）でやってみると，解法の糸口が見えてくるということです。

これは，特に「整数（自然数）の論証問題」で有効です。

次の例題では，京都大学の入試問題を取りあげてみます。

【例題４】

n^3-7n+9　が素数となるような整数 n をすべて求めよ。

《解説》

問題を読んで，どこから手をつければよいのか分からない時は，具体的に検証していきます。

$n=1$　を代入すると，$n^3-7n+9=1-7+9=3$

$n=2$　を代入すると，$n^3-7n+9=8-14+9=3$

$n=3$　を代入すると，$n^3-7n+9=27-21+9=15$

$n=4$　を代入すると，$n^3-7n+9=64-28+9=45$

$n=5$　を代入すると，$n^3-7n+9=125-35+9=99$

ここまでくると，3，3，15，45，99　ということは，

n^3-7n+9 は，どうも３の倍数らしいことに気が付きます。

３の倍数で，n^3 をみますと，【例題３】でやった，連続３整数の積は「６の倍数」が使えそうです。

連続３整数の積は，$n(n+1)(n+2)=n^3+3n^3+2n$ だけでなく，

$(n-1)n(n+1)=n^3-n$　も知っておいてください。

この問題を見ると，「n^3-n」は「６の倍数」が有効です。

これをうまく使うと，

$n^3-7n+9=n^3-n-6n+9=(n-1)n(n+1)+3(-2n+3)$　となり，

（６の倍数）＋（３の倍数）なので，

n^3-7n+9　は「３の倍数」となります。

3の倍数で素数は「3」だけです。

そこで，$n^3-7n+9=3$　より，$n^3-7n+6=0$ となり，

「0相手の因数分解」が適用できます。

因数分解すると，

$(n-1)(n-2)(n+3)=0$　となりますから，$\underline{\underline{n=1,\ 2,\ -3}}$
となります。

ここで，「n^3-n　は　6の倍数」に気が付かなければ，

n^3-7n+9　が「3の倍数」を証明すればよいのです。

整数 n は，整数 k を用いて　$3k-1$，$3k$，$3k+1$ のいずれかで必ず表されるので，$n=3k-1, 3k, 3k+1$　を，n^3-7n+9　に代入すると，すべて3の倍数であることが示されます。

そうすれば，3の倍数で素数は「3」だけとなり，以下同様の解法となります。

ここで，**論証力の秘伝**をまとめておきます。

① 命題 「$p \Rightarrow q$」の証明

(1) 直接証明法　$p \Rightarrow r \Rightarrow s \Rightarrow \cdots\cdots \Rightarrow q$

(2) 間接証明法　(i) 背理法で証明

(ii) 対偶を証明

(iii) 集合の包含関係で証明

② 命題の「真・偽」の判定で，

「対偶」を取ると処理しやすくなる命題

(1) 直接証明法で行き詰った命題

(2)「p または q」がある命題

(3) 無理数を扱う命題

(4)「でない」という否定がある命題

③ 整数（自然数）の論証問題は，

具体的な整数（自然数）で検証し，解法の糸口を探る。

◆秘伝一覧◆

式変形の秘伝

①文字の消去

②次数下げ

③因数分解

④置き換え

確率問題の解法の秘伝

確率問題の長文の最後に注目し，「〜となる確率を求めよ。」

→「〜となるとは？」と具体的に検証し，

「続いて」にして排反に場合分け

→ それぞれは乗法定理による掛け算

→ 排反の場合分けを確認して，まとめて足し算

→ 場合分けが多くなると「余事象」の利用

（１－余事象の確率）

指数・対数の解法の秘伝

指数の解法の秘伝

指数の和・差　⇒置き換え

指数の単独・積・商　⇒対数をとる

対数の解法の秘伝

対数の１次式のみ⇒一つにまとめる

対数の１次式以外⇒置き換え

ベクトルの平面図形の解法の秘伝

①２つのベクトル $\vec{a}$，$\vec{b}$ を定める。

（問題に与えてあれば，それを利用する。）

⇒他のベクトルを，この２つのベクトルで表す。

他の全てのベクトルは，$p\vec{a}+q\vec{b}$　となる。

＊ベクトルの加法は，寄り道の考えを利用する。

⇒実数倍【同一直線上】・【分点公式】による読み替えで処理。

②位置ベクトルの利用

⇒原点Ｏを決めて，全ての頂点に矢を放つ。

他のベクトルを，【分点公式】により表す。

＊ベクトルの加法の寄り道は，原点Ｏとする。

⇒実数倍【同一直線上】・【分点公式】による読み替えで処理。

2次関数の解法の秘伝

① x 軸から切り取る線分の長さは，$\dfrac{\sqrt{D}}{|a|}$ （対称性にも注目）

② 2次方程式の解の分離は，判(はん)・軸(じく)・境(きょう)

③ 2次関数の最大・最小の場合分け

(i) $a>0$ のとき，

最大値；軸が区間の　中央・中央より左・中央より右

最小値；軸が区間の　内・左外・右外

(ii) $a<0$ のとき，($a>0$ のときの逆)

最大値；軸が区間の　内・左外・右外

最小値；軸が区間の　中央・中央より左・中央より右

微分法の秘伝

① $f'(a)=\lim_{■\to 0}\dfrac{f(a+■)-f(a)}{■}$

$f'(x)=\lim_{■\to 0}\dfrac{f(x+■)-f(x)}{■}$

② $\lim_{x\to a}\dfrac{f(x)}{g(x)}=k$ （一定）かつ $\lim_{x\to a}g(x)=0$

$\Rightarrow \lim_{x\to a}f(x)=0$

③接点なければ，文字で与えよ。

④ 2つのグラフ $y=f(x)$，$y=g(x)$ が接する条件

接点の x 座標を t とおくと，

「$f(t)=g(t)$ かつ，$f'(t)=g'(t)$」

⑤ $y = ax^3 + bx^2 + cx + d \ (a \neq 0)$ のグラフは，

$\left(-\frac{b}{3a},\ f\left(-\frac{b}{3a}\right)\right)$ が変曲点で，グラフはこの点に関して，点対称になっている。

⑥ x の整式 $f(x)$ が $(x-a)^2$ で割り切れるための必要十分条件は，

$f(a) = f'(a) = 0$

⑦ 不等式の証明

関数のグラフ利用⇒差をとり，文字の中の1つを x と置く。

積分法の秘伝

① $\displaystyle\int (ax+\mathrm{b})^n dx = \frac{1}{a}\cdot\frac{1}{n+1}\cdot(ax+b)^{n+1} + C$（$C$ は積分定数）

② $\displaystyle\int_a^b f'(x)\,dx = f(b) - f(a)$

③ 共通接線の処理の仕方

(1) C_1 の $x = t$ における接線を求め，それが C_2 に接することから，重解条件で t を求める。

(2) 共通接線を $y = mx + n$ と置き，重解条件2つから，m，n の連立方程式を作って求める。

④ 4次関数の複接線（2点で接する直線）は，［重解で処理］

4次関数 $y = f(x)$ に，直線 $y = g(x)$ が，$x = \alpha$，$x=\beta$ で接する

$\Rightarrow f(x) = g(x)$ が　$x = \alpha$, $x = \beta$　を重解にもつ

$\Rightarrow f(x) - g(x) = A(x-\alpha)^2(x-\beta)^2$（$A$ は $f(x)$ の 4 次の係数）

$\Rightarrow$ 各辺の係数比較　$\Rightarrow$　α, β, $g(x)$ を求める

⑤ 2曲線の上下関係は，2つの差の不等式を解くと，交点の x 座標も求まる。

⑥ $\displaystyle\int_\alpha^\beta (x-\alpha)(x-\beta)\,dx = -\frac{1}{6}(\beta-\alpha)^3$　「$\dfrac{1}{6}$公式」

$\displaystyle\int_\alpha^\beta (x-\alpha)^2(x-\beta)\,dx = -\frac{1}{12}(\beta-\alpha)^4$　「$\dfrac{1}{12}$ 公式」

⑦ 放物線と放物線で囲まれた部分の面積と，放物線と直線で囲まれた部分の面積は，「$\dfrac{1}{6}$公式」が使える。

図形と計量の秘伝

①

(i) 2辺2角の関係
(ii) a，b，c が同じ次数
(iii) $\sin A$，$\sin B$，$\sin C$ を辺の長さで表す

⇒ 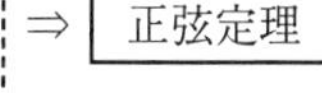

(i) 3辺1角の関係
(ii) a^2，b^2，c^2 を扱う
(iii) $\cos A$，$\cos B$，$\cos C$ を辺の長さで表す

⇒ 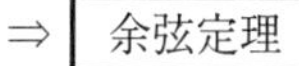

② 「トレミーの定理」

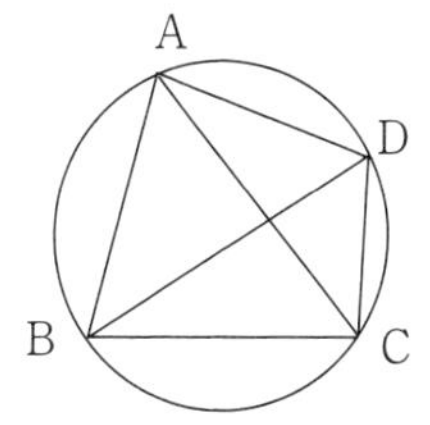

円に内接する四角形ABCDにおいて，

$$AB \cdot CD + AD \cdot BC = AC \cdot BD$$

③ 三角形の面積の求め方

(1)

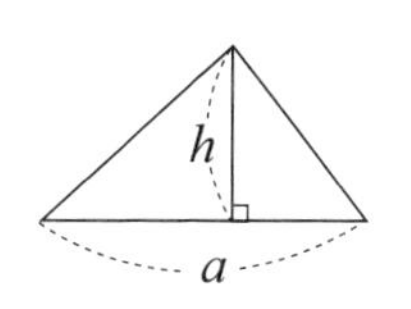

$$S = \frac{1}{2}ah$$

(2)

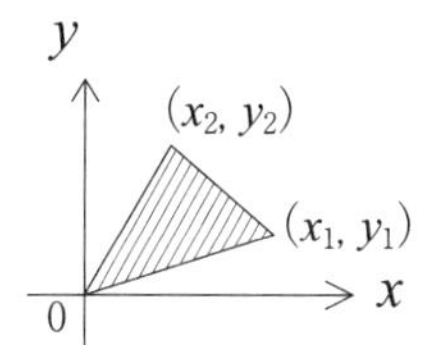

$$S = \frac{1}{2}\left|x_1y_2 - x_2y_1\right|$$

（三角形の頂点が3つとも原点にないときは，1頂点を原点まで平行移動して，この公式を使います。）

(3)

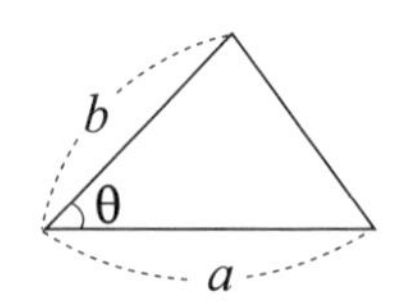

$$S = \frac{1}{2}ab\sin\theta$$

(4) ［ヘロンの公式］

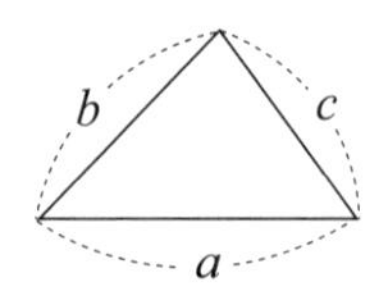

$s = \dfrac{a+b+c}{2}$ とすると

$$S = \sqrt{s(s-a)(s-b)(s-c)}$$

(5)

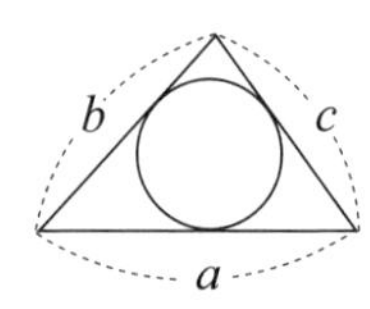

三角形に内接する円の半径を r とすると，

$$S = \frac{1}{2}r(a+b+c)$$

(6)

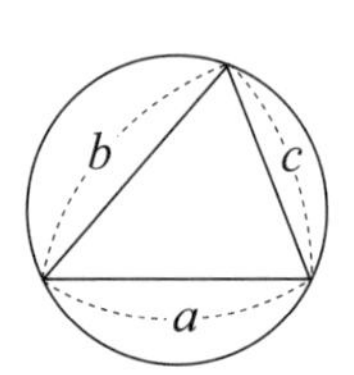

三角形に外接する円の半径を R とすると，

$$S = \frac{abc}{4R}$$

(7)

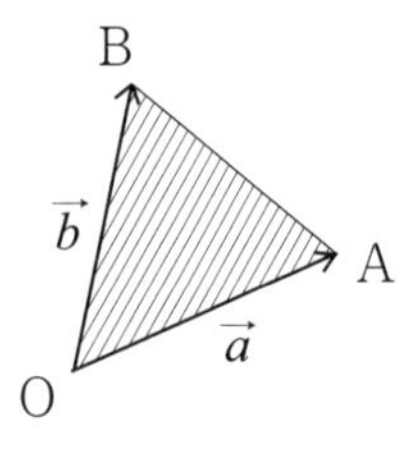

3点をO（$\vec{0}$），A（$\vec{a}$），B（$\vec{b}$）とすると，

$$\triangle \mathrm{OAB} = \frac{1}{2}\sqrt{|\vec{a}|^2|\vec{b}|^2 - (\vec{a}\cdot\vec{b})^2}$$

④

(i) 角の二等分線の定理

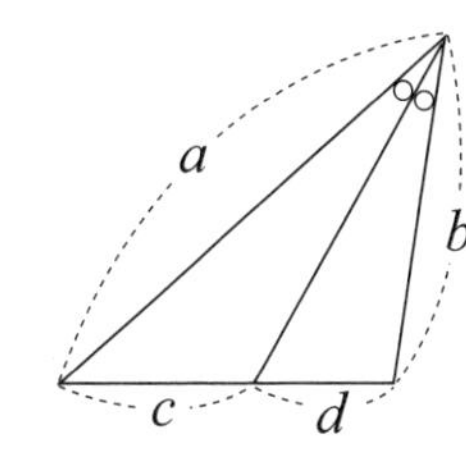

$a : b = c : d$

(ii) パップスの中線定理

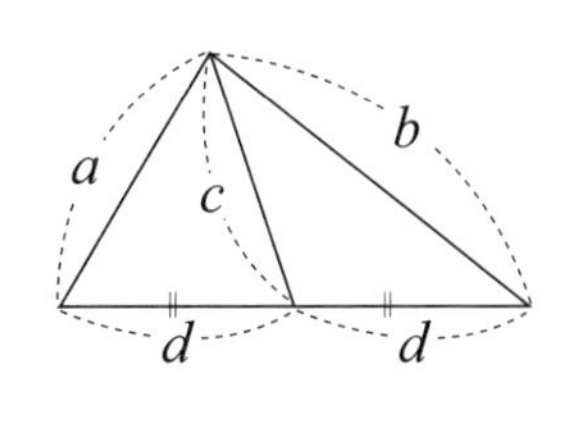

$a^2 + b^2 = 2(c^2 + d^2)$

⑤　三角形の形状判定は，正弦定理・余弦定理を用いて，

(1) 角を消去して，辺だけの関係に持ち込む

(2) 辺を消去して，角だけの関係に持ち込む

図形の性質の秘伝

①

(1) 中点あれば点対称

(2) 中点２つで「連結定理」か「重心」

(3) 中線あれば「中線定理」

(4) 線分の長さ→まずは相似か直角見つけて三平方

(5) 直径は直角，直角は直径

(6) 直角２つで円(まる)くなる

(7) 接線２本で　二等辺三角形

(8) 接線と割線，交わる２弦・２割線で「方べき定理」

(9) 交わる２円に共通弦（中心線で垂直に２等分）

(10) 接する２円に共通接線（接点は中心線上）

(11) 接点あれば中心と結べ

②

(1) 三角形に１本の直線　⇒　「メネラウスの定理」
（求めたい比がある辺を三角形の１辺とする三角形を決める。
決めた三角形の頂点を通らない直線を１本の直線とする。）

(2) ３頂点からの直線が１点で交わる⇒「チェバの定理」

③

「ベクトルの図形への応用」と「図形の性質」は，１つの単元として，相互に利用する。

三角形の五心・２直線のなす角・垂線の長さ・点が一致することの証明・３点一直線の証明　などは，ベクトルを利用した方が，見晴らしの良い解法が見えてくる。

論証力の秘伝

① 命題「$p \Rightarrow q$」の証明

(1) 直接証明法 $p \Rightarrow r \Rightarrow s \Rightarrow \cdots\cdots \Rightarrow q$

(2) 間接証明法

(i) 背理法で証明

(ii) 対偶を証明

(iii) 集合の包含関係で証明

② 命題の「真・偽」の判定で,
「対偶」を取ると処理しやすくなる命題

(1) 直接証明法で行き詰った命題

(2)「p または q」がある命題

(3) 無理数を扱う命題

(4)「でない」という否定がある命題

③ 整数(自然数)の論証問題は,
具体的な整数(自然数)で検証し,解法の糸口を探る。

◆著者プロフィール◆

鳩山文雄（はとやま　ふみお）

京都大学特任教授
四天王寺高等学校・中学校 顧問
学校法人四天王寺学園 元理事補佐
四天王寺高等学校・中学校 元校長

解ける大学入試
数学ⅠＡⅡＢの秘伝

2021 年 7 月 5 日　　初版第 1 刷発行

著　者　鳩山文雄
編集人　清水智則　発行所　エール出版社
〒 101-0052　東京都千代田区神田小川町 2-12　信愛ビル 4 F
電話　03(3291)0306　　FAX　03(3291)0310
メール　edit@yell-books.com

＊乱丁・落丁本はおとりかえします。

＊定価はカバーに表示してあります。

ISBN978-4-7539-3503-1